KATHARINA VON DER LEYEN

# WELPEN
# PRAXISBUCH

**Alles Wichtige zu
Auswahl, Eingewöhnung,
Pflege und Erziehung**

KATHARINA VON DER LEYEN

# WELPEN
## PRAXISBUCH

Alles Wichtige zu
Auswahl, Eingewöhnung,
Pflege und Erziehung

# Inhalt

## DIE GU-QUALITÄTS-GARANTIE

Wir möchten Ihnen mit den Informationen und Anregungen in diesem Buch das Leben erleichtern und Sie inspirieren, Neues auszuprobieren. Bei jedem unserer Produkte achten wir auf Aktualität und stellen höchste Ansprüche an Inhalt, Optik und Ausstattung. Alle Informationen werden von unseren Autoren und unserer Fachredaktion sorgfältig ausgewählt und mehrfach geprüft. Deshalb bieten wir Ihnen eine 100 %ige Qualitätsgarantie.

**Darauf können Sie sich verlassen:**
Wir legen Wert auf artgerechte Tierhaltung und stellen das Wohl des Tieres an erste Stelle. Wir garantieren, dass:
• alle Anleitungen und Tipps von Experten in der Praxis geprüft und
• durch klar verständliche Texte und Illustrationen einfach umsetzbar sind.

**Wir möchten für Sie immer besser werden:**
Sollten wir mit diesem Buch Ihre Erwartungen nicht erfüllen, lassen Sie es uns bitte wissen! Wir tauschen Ihr Buch jederzeit gegen ein gleichwertiges zum gleichen oder ähnlichen Thema um. Nehmen Sie einfach Kontakt zu unserem Leserservice auf. Die Kontaktdaten unseres Leserservice finden Sie am Ende dieses Buches.

GRÄFE UND UNZER VERLAG
*Der erste Ratgeberverlag – seit 1722.*

# Vorwort

Sie wollen also einen jungen Hund. Ich kann Sie gut verstehen: Welpen sind so unglaublich niedlich, vertrauensvoll, weich und wollig, sie brauchen uns, machen lauter dummes Zeug und bringen uns zum Lachen. Aber sie rauben uns auch den letzten Nerv. Sie verstehen nicht, was wir wollen und wir verstehen nicht, was sie wollen. Sie scheinen ununterbrochen nach draußen zu müssen, fressen die Möbel an, können nicht alleine bleiben, räumen den Mülleimer aus und verteilen den Restinhalt von Thunfischdosen auf dem neuen Sofa. Sie haben kein Taktgefühl, aber Blähungen, sie sind viel zarter, als man denkt, sie wälzen sich in entsetzlichen Sachen und bekommen Durchfall grundsätzlich nur auf den Teppichen, die sich nicht reinigen lassen. Und man kann ihnen nicht einmal einen Vorwurf machen, denn sie wissen es einfach nicht besser. Ich glaube, Welpen sind nur deshalb so wahnsinnig süß, weil man sich das ganze Theater sonst einfach nicht antun würde. Das Dumme ist, dass ein Hund kein Gebrauchsgegenstand ist, den man kauft und wieder in eine Ecke stellen kann, wenn er anstrengend wird. Hunde kosten Zeit, Geduld und Nerven. Es ist hart, im strömenden Regen alle zwei Stunden darauf zu hoffen, dass der Welpe sich löst. Es ist noch härter, wenn er sich nur die »Sehenswürdigkeiten« anschaut und dann – puh! – seinen See im warmen Flur macht. Es ist leicht, einen Welpen zu lieben, der müde und niedlich auf unserem Schoß einschläft. Aber es ist hart, das

Haus für Gäste sauber zu machen und danach mit anzusehen, wie der Welpe mit Matschpfoten durchs Haus rast, sich auf dem Teppich übergibt, mit seiner Rute einmal über den Sofatisch wedelt und dann seine losen Haare neben dem Sofa abschüttelt. Es ist auch hart, bei der Erziehung nie zu vergessen, dass wir es mit einem Hund zu tun haben, der ein völlig anderes Verständnis von der Welt hat als wir. Es ist hart, eine völlig neue Sprache zu lernen, und noch schwerer, sich einzugestehen, dass man keine Verbindung zu seinem Hündchen herstellen kann und Hilfe braucht. Es ist schwer, sich in seine Lage zu versetzen: Wir erwarten filmreife, märchenhafte Dinge von unserem Hund. Wir messen ihm menschliche Werte bei, die er nicht hat und bestrafen ihn dann dafür, dass er unsere Erwartungen nicht erfüllen kann. Man muss sich wirklich sehr lange und sehr genau überlegen, ob man Zeit und Raum für einen jungen Hund hat, ob man die Geduld, die Nerven und den nötigen Humor hat, wenn er sich genau wie ein junger Hund benimmt, das Geld, um ihn medizinisch versorgen zu lassen und mit ihm in die Hundeschule zu gehen – und ob man wirklich Lust und Zeit hat, 14, 15 Jahre lang an 365 Tagen bei Wind und Wetter mit ihm draußen nach Abenteuern zu suchen.

Andererseits: Wenn Sie wissen, dass es mühsam wird, ist es schon viel weniger anstrengend. Und wer hätte sich jemals lieber nicht verliebt, nur weil man weiß, dass damit das ganze gewohnte Leben durcheinandergerät? Es gibt zu allen Dingen, die ich Ihnen in diesem Buch empfehle, bestimmt noch drei oder mehr andere Möglichkeiten, die auch funktionieren. Ich verfechte keine »Methode«, sondern gebe Ihnen Ratschläge weiter, die bei mir und den vielen Welpen, die ich im Laufe der Zeit aufgezogen habe, am allerbesten geklappt haben. Ich hoffe, Ihnen den manchmal schwierigen Anfang mit diesem kleinen fremden Wesen, das vielleicht bald in Ihr Leben einzieht, erleichtern zu können. Sie werden ein halbes Jahr lang nur wenig ausgehen, Sie werden »angehängt« sein, Sie werden eine ganz neue Verantwortung übernehmen. So ist das eben in Beziehungen. Ich finde, es ist eigentlich ziemlich schön, emotional an so ein kleines Wesen »angehängt« zu sein, das gar nichts von einem will – nur ein bisschen Struktur, Liebe und Abenteuer.

Sehr herzlich, Ihre

# WELPEN-ALARM

Bevor ein Welpe bei Ihnen einziehen kann, gibt es unglaublich viele Dinge zu bedenken. Mit Liebe allein ist es nicht getan: Sie brauchen Zeit, Geduld und Humor, gute Nerven, Klarheit, einen Plan und einen Wischmop.

# EIN HUNDEKIND
## SOLL INS HAUS

# Haben Sie genug Zeit?

Ob man sein Leben zukünftig mit einem Hund teilt, sollte keine Spontanentscheidung sein, sondern sorgfältig geplant werden. Welpen sind anstrengend. Bevor Sie die Entscheidung treffen, müssen Sie sich daher ein paar ehrliche Fragen stellen.

Zu viele junge Hunde landen im Tierheim oder in »zweiter Hand«, weil sich jemand nicht rechtzeitig überlegt hat, ob er wirklich Zeit und Lust hat, sich mit dem Vierbeiner auseinanderzusetzen.

Ein erwachsener Hund kann rund vier bis fünf Stunden alleine bleiben, ohne deshalb in Verzweiflung zu geraten. Wenn Sie allerdings den ganzen Tag arbeiten und niemand sonst zu Hause ist, verurteilen Sie ein hochsoziales, intelligentes Wesen zu einem Leben, das vor allem von Langeweile, Verlassensangst und Depression bestimmt ist – es sei denn, Sie haben einen Hundesitter oder bringen Ihr Tier in einer Hundetagesstätte unter.

Ein Hund muss auch mindestens dreimal am Tag spazieren gehen und wenigstens einmal ausgiebig rennen und toben können – und das unter Ihrer Aufsicht: Einfach in den Garten schicken gilt nicht, denn der Hund rennt nicht alleine herum. Und alleine spielen ist auch sterbenslangweilig. Und wenn wir schon dabei sind: Hunde langweilen sich ebenso leicht wie wir. Sie brauchen Spiele, Abenteuer und Herausforderungen. Kurzum, sie wollen beschäftigt werden. Nicht zu vergessen: Wir Menschen stellen hohe Ansprüche an unsere Hunde. Es ist unsere Aufgabe, ihnen beizubringen, was sie dürfen und was nicht und welche Kommandos sie beherrschen sollen. Auch der hinreißendste Hund kann ohne Erziehung zum unerträglichen Zeitgenossen werden. Für Hundeerziehung braucht man Zeit, Geduld, Humor und noch mal Zeit.

## GRÜNDE, SICH KEINEN HUND ANZUSCHAFFEN

Es gibt viele und wirklich gute Gründe, die Sache mit dem Hund sein zu lassen. Mir persönlich fallen im Laufe des Tages immer wieder mal welche ein. Und mindestens einmal im Monat sind alle meine Hunde für einen Euro zu verkaufen – oder ich möchte sie gegen ein Aquarium tauschen. Und das, obwohl ich nach über 40 Jahren mit Hunden wirklich routiniert bin in der Aufzucht und im Umgang mit ihnen und eigentlich keine Ahnung mehr habe, wie ein Leben ohne Hunde funktioniert. Es geht bestimmt, aber wie?

- Wenn Sie »den perfekten Hund« suchen, der nicht haart, nicht riecht, nicht bellt, nach zwei Tagen stubenrein ist, weder viel Beschäftigung noch Auslauf braucht und sich praktisch selbst erzieht – dann wollen Sie in Wirklichkeit keinen Hund. Denn solche Hunde gibt es nicht. Solche Hunde muss man erziehen. Das dauert und bedeutet viel Arbeit, viel Frust, manchmal Tränen, unendlich viel sinnloses Gekicher, Zeitverlust, Sand und Krümel auf dem Boden (im Bett, auf dem Sofa … ).

- Wenn Sie mehr als fünf Stunden am Tag außer Haus sind (und da auch sonst niemand ist, der Ihren Hund bespaßen kann).
- Wenn Sie der Einzige in der Familie sind, der sich einen Hund wünscht. Glauben Sie mir: Es wird nicht funktionieren, wenn der andere/die anderen gegen einen Hund ist/sind, weil Sie dann immer wieder wegen jeder völlig normalen Unzulänglichkeit

Ihres Hundes in Erklärungsnot und Rechtfertigungspflicht geraten.

- Wenn Sie ein oder mehrere Kinder unter vier Jahren haben und vorher noch nie einen Hund hatten, müssen Sie zu viele Dinge auf einmal lernen, den Welpen vor dem Kind beschützen und/oder umgekehrt, beiden gleichzeitig gerecht werden … Warten Sie noch ein bisschen. Hunde werden in den nächsten zwei Jahren nicht von diesem Planeten verschwinden, also seien Sie geduldig. Das müssen Sie sowieso schon üben, bevor Sie einen Hund bekommen.
- Wenn Ihr Leben aus beruflichen, gesundheitlichen oder beziehungstechnischen Gründen unübersichtlich ist.
- Wenn es Ihr Reflex ist, sich nach jedem Hundestreicheln gleich gründlich die Hände zu waschen.
- Wenn Ihnen Natur wenig Spaß macht und Sie nicht wirklich gerne spazieren gehen, sondern hoffen, Ihr Hund kann Sie dazu »überreden«.
- Wenn Sie das Nachtleben lieben und langes Ausschlafen oder einen richtig aufwendigen Job haben: Überlegen Sie sich gut, ob Sie nach einem langen Tag oder einer langen Nacht die Kraft und Lust haben, mit Ihrem Hund Abenteuer zu bestehen. Auch dann, wenn Sie fast zu müde sind, ihn hinter den Ohren zu kraulen.

Aber wenn das alles Sie nicht erschrecken kann: Dann nichts wie los.

Süß sind sie alle, wie dieser kleine Sheltie. Es gehört aber doch mehr zu einem Leben mit Hund, als man ahnt.

# Welcher Hund darf's denn sein?

Wenn Sie sicher sind, dass Sie der Herausforderung gewachsen sind, einen Welpen aufzuziehen, stellt sich die nächste Frage: Was für einen Hund suchen Sie überhaupt?

Der Mensch hat seit Jahrhunderten eine selektive Zucht betrieben, damit jeder genau den Hund findet, der am besten zu ihm passt. Auch wenn alle Hunde Individuen sind, teilen Hunde bestimmter Rassen daher gewisse ausgeprägte Eigenschaften.

Um ihnen im Laufe ihres Lebens gerecht werden zu können, hilft es oft, welche Rassen Mischlinge in ihren Genen tragen: Die einen brauchen mehr Bewegung, Sport und Hurra, die anderen müssen regelmäßig zum Friseur oder viel gebürstet werden. Manche Rassen und deren Mischlinge sind von Natur aus sehr wachsam und haben einen ausgeprägten Beschützerinstinkt, andere reagieren sensibel auf Getöse und Stress.

## MISCHLINGE

Im Gegensatz zu Rassehunden sind Mischlinge Überraschungseier. Sie tragen die Merkmale unterschiedlicher Hunde in ihren Genen, und daher weiß man nie ganz genau, welche Eigenschaften sich am stärksten herausbilden werden. Häufig sind sie weniger »spezialisiert« auf ein bestimmtes Verhalten. Allerdings: Versprechen kann das niemand. Meine wundervolle Hündin Bella war ein Mischling aus Lhasa Apso und Jack Russel. Sie sah aus wie ein explodierter Handfeger mit den allerschönsten, kajalumrandeten Augen. Von der zenhaften Einstellung ihrer Lhasa-Apso-Mutter hatte sie leider aber nichts geerbt (einmal abgesehen vom »Man könnte oder man könnte auch nicht ...« beim Gehorchen). Sie war durch und durch Terrier, mit unglaublichem Jagdtrieb, hochintelligent und sehr lösungsorientiert, aber nicht zu bremsen, wenn es irgendwo eine Fährte, Wild, Kaninchen oder fremde Katzen zu verfolgen gab. Den Reitstall entledigte sie in kürzester Zeit von sämtlichen Ratten, von Kindern ließ sie sich nicht sehr viel gefallen und Kunststücke lernte sie schneller, als man blinzeln konnte. Sie war hinreißend, aber ganz anders als erwartet.

Entgegen der weitverbreiteten Meinung sind Mischlinge leider nicht viel gesünder als Rassehunde, denn Erbkrankheiten vererben sich rezessiv (also auch noch nach Generationen).

## RASSEHUNDE

Der Vorteil eines Rassehundes ist, dass man bis zu einem bestimmten Grad ziemlich genau sagen kann, was einen erwartet. Insofern ist es einfach, Recherche zu betreiben. Lesen Sie Bücher und Zeitschriften, sprechen Sie Züchter und andere Halter an und befragen Sie sie nach ihren persönlichen Erfahrungen mit der jeweiligen Rasse.

Suchen Sie sich Ihren Hund keinesfalls aufgrund seines Aussehens aus: Auch wenn natürlich jeder von uns bestimmte äußere Vorlieben hat (meine eigenen Hunde beispielsweise werden, je älter ich selbst werde, immer dünner und haben immer längere Schnauzen), so ist und bleibt das Wichtigste doch, ob wir den typischen Charaktereigenschaften gewachsen sind und ob sie mit unserem eigenen Leben harmonieren. »Was nicht passt, wird passend gemacht«: Das klappt vielleicht bei Kleidungsstücken, aber nicht bei Lebewesen, egal, wie anpassungsfähig Hunde auch sein mögen. Sie werden aus einem Deutsch-Drahthaar keinen sanften Schoßhund machen, einen spanischen Galgo ohne Jagd- und Hetztrieb gibt es nicht und aus einem Mops wird niemals ein Agility-Champion. Ganz ehrlich, bei uns Menschen ist es doch auch nicht anders, Beuteschema hin oder her: Auch der schönste Augenaufschlag, das seidigste Haar und der härteste Waschbrettbauch nützen nichts, wenn man sich nichts zu erzählen hat und nicht den gleichen Humor teilt.

Es gibt sehr viele ausführlich und sorgfältig recherchierte Hundebücher (einige habe ich selbst geschrieben), in denen die Vorzüge und Nachteile bestimmter Rassen deutlich geschildert werden. Reden Sie sich die Rassen nicht schön, seien Sie ehrlich mit sich selbst: Wenn Sie wissen, dass Sie eher passiv sind und eher nicht zu den klaren Führungspersonen zählen, sollten Sie sich keinen Hund aussuchen, bei dem immer wieder explizit darauf hingewiesen wird, dass er »unbedingt sehr konsequent« erzogen werden muss. Legen Sie sich also zum Beispiel keinen Rottweiler, Hovawart oder Schäferhund zu. Diese Rassen erwarten klare, deutliche Ansagen. Versuchen Sie es lieber mit einer der vielen Begleithunderassen, die auch mal fünf gerade sein lassen und außerdem aufgrund ihrer Körpergröße in der Regel etwas leichter zu handhaben sind.

### Kriterien für die Auswahl des passenden Hundes

- **Größe:** Wie groß und schwer wird er? Können Sie ihn als erwachsenen Hund (fest-) halten? Wie viel Futter braucht er? Passt er zu Ihrer Wohnung, Ihrem Auto?
- **Krach:** Manche Rassen bellen oder kläffen mehr als andere. Macht Ihnen das etwas aus? Oder Ihren Nachbarn? Wollen Sie mit Ihrem Hund viel verreisen? Wenn Sie sich viel in Hotels aufhalten, ist ein »lauter« Hund möglicherweise nicht das Richtige. Andersherum sind auch manche Rassen sehr geräuschempfindlich. Lieben Sie selbst Heavy-Metal oder sind Ihre Kinder House-Music-Fans?
- **Temperament:** Viele Terrier sind sehr kopfstark und herrschsüchtig, was vom Menschen eine ausgeprägte Führungsqualität verlangt. Viele Windhundrassen sind nur ausgewähltem Personal gegenüber

offen und aufgeschlossen und ansonsten leicht »autistisch« veranlagt. Spaniel und Retriever sind zumeist sehr fröhlich und liebevoll – allerdings auch sehr verschwenderisch mit ihrer Zuneigung.

- **Bewegungs- und Beschäftigungsanspruch:** Manche Rassen sind absolut zufrieden, wenn sie einfach immer mit dabei sein dürfen. Andere, gerade die Gebrauchshunderassen, brauchen sehr viel Beschäftigung. Hütehunde brauchen Beschäftigung und sehr viel Auslauf (schließlich wurden sie dafür gezüchtet, den ganzen Tag lang große Schaf- oder Rinderherden zu umkreisen).
- **Pflege:** Wie aufwendig wird die Pflege des (erwachsenen) Fells? Wie viel Zeit und/oder Kosten kommen für die Fellpflege auf Sie zu?
- **Schwächen:** Aufgrund von Überzüchtungen neigen manche Rassen zu Erbkrankheiten oder massiven physischen Verzüchtungen, die ihnen (und Ihnen) später Probleme bereiten können. Setzen Sie sich daher im Vorfeld gründlich mit den rassetypischen Erbkrankheiten auseinander.

## GESUCHT: EIN GUTER ZÜCHTER

Bei der Suche nach dem (nächsten) Hund des Lebens sollten Sie sich immer an die zuverlässigste Quelle wenden. Möchten Sie einen reinrassigen Hund, ist dies der Züchter. Kein verantwortungsvolles Exemplar dieser Gattung würde je auf die Idee kommen, seine Welpen an ein Zoogeschäft abzugeben (es gibt überhaupt nur noch ein einziges in ganz Deutschland, das mit Hunden handelt. Die Mitglieder des Zentralverbands Zoologischer

Rhodesian Ridgebacks (1) brauchen viel Bewegung und Beschäftigung. Ein Chihuahua (2) will auch als richtiger Hund behandelt werden, ist aber mit deutlich weniger Auslauf zufrieden.

Fachbetriebe Deutschland, kurz ZZF, verzichten als freiwillige Selbstkontrolle seit über zwanzig Jahren auf den Verkauf von Hunde- und Katzenwelpen).

Einen seriösen Züchter finden Sie über einen Dachverband wie den VDH oder seinen Rasseclub. Auch Empfehlungen von Freunden kann man meist trauen (wenn man sie und ihre Hunde gut kennt).

Einen verantwortungsvollen Züchter erkennen Sie daran, dass er Ihnen schon vor dem ersten Besuch mindestens genauso viele Fragen stellt, wie Sie ihm. Er verkauft einen Welpen nämlich nur dann, wenn er das Gefühl hat, der neue Besitzer weiß, worauf er sich mit dem Welpen einlässt, dass er den Welpen gut und artgerecht behandeln wird und ihm die bestmögliche Pflege angedeihen lässt. Ein verantwortungsvoller Züchter wird zum Beispiel wissen wollen, ob Sie tagsüber zu Hause sind, wie lange der Hund täglich alleine bleiben soll, wer noch in Ihrem Haushalt lebt, ob Sie schon einmal einen Hund hatten, was Sie mit dem Hund vorhaben (Hundesport, Therapiehund, reiner Begleithund …), ob Sie einen Garten haben, wo Sie leben, ob Ihr Vermieter einverstanden ist, und zahllose Dinge mehr. Erst, wenn der Züchter glaubt, dass Sie einen seiner sorgfältig aufgezogenen Welpen auch wirklich »verdient« haben, wird er Ihnen auch einen verkaufen.

Im Haus eines guten Züchters sind deutliche Spuren von Hunden zu erkennen; wenn es zu schön und zu aufgeräumt ist, ist das ein Hinweis darauf, dass die Hunde nicht mit den Menschen zusammenleben. Wenn es nach Hund müffelt, ist das normal. Wenn es richtig nach Hund stinkt, nicht. Denn dies bedeutet, dass hier nicht auf Sauberkeit geachtet wird. Sehen die Hunde gut aus? Sind sie offen und fröhlich im Umgang mit dem Züchter und Ihnen? Sind die erwachsenen Hunde freundlich zu Ihnen? Und, sehr wichtig: Wenn irgendetwas in Ihrem Leben schiefläuft (Ihr Haus brennt ab, Allergien brechen aus, Sie müssen sich scheiden lassen, Sie bekommen

**Nichts ist besser für die Erziehung und Sozialisierung eines Welpen, als im Verband aus mehreren Hundegenerationen aufzuwachsen.**

Sechslinge), würden Sie diesem Züchter Ihren Hund zurückgeben – in dem festen Wissen, dass er für ihn das bestmögliche neue Zuhause suchen wird?

Möglicherweise kommen Sie sich während Ihres Besuchs zuweilen auch vor, als stünden Sie »unter Beobachtung« – und das ist gut. Der Züchter wird sich genau ansehen, wie Sie mit seinen Hunden umgehen, ob Sie ihm zuhören und Ratschläge annehmen können. Er wird Sie wahrscheinlich bitten, nach dem Kauf mit ihm in Kontakt zu bleiben. Denn er möchte wissen, wie es seinen Hunden weiter ergeht und steht Ihnen hoffentlich auch mit Rat und Tat zur Seite. Und Sie werden sich noch wundern, wie viele Fragen in den ersten gemeinsamen Wochen mit dem kleinen Hündchen auftauchen.

### Fragen an den Züchter

Um sich das bestmögliche Bild machen zu können, sollten Sie dem Züchter folgende Fragen stellen:

- Wie lange züchtet er diese Rasse schon? (Möglichst viele, viele Jahre.)
- Wie viele Würfe hat er im Jahr (mehr als drei ist die falsche Antwort: Niemand kann sich innerhalb eines Jahres um mehr als 12 bis 15 Welpen kümmern, sie sozialisieren und ein gutes Zuhause für sie finden – außer er zieht das Ganze professionell auf und lässt sich zum Beispiel von Fremden bei der Betreuung helfen. Das ist aber nicht das, was Sie wollen.)
- Lässt er die Hündin nach jedem Wurf ein Jahr Pause machen? Alles andere wäre eine gesundheitliche Zumutung für die Hündin und auch ein Zeichen, dass der Züchter

lediglich ein »Vermehrer« ist, dem es nicht um das Wohl seiner Hündin geht.

- Weiß er irgendetwas »Negatives« über diese Rasse zu sagen (egal, WIE verliebt man ist: Irgendetwas Mühsames, Lästiges, Doofes hat fast jeder Mensch und jeder Hund. Und sei es, dass er stark haart. Oder es unmöglich ist, die Rasse vom Sofa herunterzubekommen. Oder dass er viel bellt (wobei das Leuten, die Bellhunde gewohnt sind, tatsächlich nicht mehr auffällt.)
- Achtet er in seiner Zucht auf bestimmte Dinge ganz besonders (zum Beispiel auf ein besonders sanftes Wesen oder auf besondere Arbeitseigenschaften, auf eine bestimmte Farbe oder einen speziellen Typ)?
- Lässt er seine Hunde auf bestimmte Erbkrankheiten untersuchen?
- Dürfen Sie die tierärztlichen Untersuchungen dieses Wurfes einsehen?
- Wie hoch ist die Lebenserwartung dieser Rasse? Wie alt wurde der älteste Hund in der Zucht? Lebt er eventuell noch? Wie sieht er aus? Alt, klapprig, aber fröhlich und geliebt?
- Wenn sich widrige Umstände ergeben sollten, würde der Züchter den Hund wieder zurücknehmen? Die meisten seriösen Züchter verankern derlei von sich aus im Kaufvertrag, weil sie immer wissen wollen, wo ihre Hunde zukünftig bleiben.

## HUNDE AUS DEM TIERSCHUTZ

Die Tierheime sind voll bis unters Dach mit Hunden, die meist nichts dafür können, dass sie abgegeben wurden. Sie haben oft einen schwierigen Ruf, gelten als unberechenbar,

## Verantwortungsvolle Zucht

»Züchten« bedeutet nicht, niedliche Welpen zu produzieren und gewinnbringend zu verkaufen. Heute sind Züchter gefordert, genetisches Wissen und Fortbildungsbereitschaft mitzubringen. Sie müssen sich mit ihrer Rasse auskennen, mit deren Ahnen und Langlebigkeit. Wer sich in der Agility-Szene bewegt, trifft andere züchterische Entscheidungen als jemand, der Jagdhunde oder reine Begleithunde züchtet. Das Verpaaren seiner Hündin, die man besonders nett findet, mit dem Rüden der Freundin, die man auch besonders nett findet, hat mit Hundezucht nichts zu tun: Das ist Vermehrung, selbst wenn diese Hunde Papiere bekommen. Um »richtig« und »vernünftig« zu züchten, braucht der Züchter eine Zuchtstrategie. Er muss Zuchtziele definieren, relevante Informationen sammeln, Anpaarungen sorgfältig planen, Ergebnisse kontrollieren und sein Vorgehen immer wieder hinterfragen. Jede Rasse hat ihre Schwächen und Stärken, bei jeder Rasse gilt es, wachsam zu sein. Es ist die wichtigste Voraussetzung, die gesamte Population im Auge zu behalten, und nicht nur einzelne (nämlich die eigenen) Tiere. Jeder gute Züchter beobachtet deshalb auch das verwandtschaftliche Umfeld. Dafür muss man sich auskennen und Kontakt zu Züchterkollegen pflegen. Darum ist ein guter Züchter verpflichtet, sich einem Zuchtverein anzuschließen, schon, um genügend Information sammeln zu können und rechtzeitig von Erbkrankheiten zu erfahren. Der Zuchtverein wiederum ist in der Pflicht, seine Mitglieder bestmöglich zu beraten, auch in der Auswahl der Zuchthunde.

traumatisiert oder verhaltensauffällig. Dabei ist das bei Weitem nicht wahr. Hunde werden aus den verschiedensten Gründen abgegeben: Eine Hündin hat überraschend Welpen bekommen; ein älterer Besitzer wurde krank oder war völlig überfordert mit einem jungen Hund. Ein Besitzer kam ins Krankenhaus oder starb und in der Familie wollte niemand den Hund übernehmen. Und natürlich gibt es in Tierheimen tatsächlich eine Anzahl von Hunden mit Verhaltensproblemen – weil sich niemand die Mühe gemacht hat, den Hund zu erziehen, als er noch ein Hündchen war, und ihm niemand gezeigt hat, dass sein für Hunde völlig natürliches Verhalten in menschlicher Gesellschaft nicht erwünscht ist. Wie viel einfacher ist es, den Hund für sein Verhalten verantwortlich zu machen und einfach abzugeben, anstatt nach einer Lösung zu suchen oder zu überlegen, inwiefern man selbst Veränderungen einleiten müsste, um das unerwünschte Verhalten zu verändern.

Mit der richtigen Anleitung bekommt man diese »Probleme« meistens relativ schnell in den Griff. Unterhalten Sie sich mit den Angestellten des Tierheims, die für den Hund, der Sie interessiert, zuständig sind. Gehen Sie mit ihm spazieren, spielen Sie mit ihm im Auslauf. Vielleicht ist einer dieser Unglücksraben ja genau der Hund, den Sie sich schon immer gewünscht haben?

## Lassen Sie sich nicht unter Druck setzen

Neben dem »klassischen« Tierheim gibt es den sogenannten Auslandstierschutz. Große und kleine Organisationen sammeln in anderen Ländern Hunde von der Straße, aus Tötungsstationen und Tierheimen und vermitteln sie nach Deutschland. Häufig wird mit sehr rührseligen, dramatischen Geschichten zu den einzelnen Hunden Druck auf die Interessenten ausgeübt. Oder man »droht« sogar damit, dass der Hund innerhalb von 24 Stunden getötet würde, wenn sich der Interessent nicht auf der Stelle entscheidet, ihm ein Zuhause zu geben. Auf der anderen Seite aber ist nichts oder nur sehr wenig über den Charakter und die Eigenschaften des Hundes, der vermittelt werden soll, bekannt, weil bisher keiner der Tierschützer die Zeit hatte, ihn näher kennenzulernen. Es ist aber nun einmal wichtig, dass man einigermaßen zusammenpasst, wenn man 10, 14 Jahre zusammen verbringen möchte. Ich persönlich sehe daher

dieses Vorgehen von Tierschutzorganisationen sehr kritisch.

Etwas anderes ist es, wenn die zu vermittelnden Hunde bereits in Pflegestellen untergebracht sind. Dann können die Familien, in denen die Hunde derzeit leben, bereits viel über sie erzählen. Sie können den Hund mehrfach besuchen und dann entscheiden, ob man zusammenpasst und der Funke überspringt. Unter Druck und per Foto einen Hund auszusuchen ist ungefähr so sinnvoll, wie einen Hund aus einem Schaufenster zu kaufen oder sich mit einem Brieffreund zu verheiraten. Gute Tierschutzorganisationen fragen viel, beraten und lassen Ihnen Zeit, sich für einen Hund zu entscheiden. Darunter sollten Sie es nicht tun: Sie und Ihr Hund müssen gut zusammenpassen.

Mischlinge sind wunderbare Hunde und immer Unikate – häufig sind sie echte »Überraschungseier«.

# Gesundheitsmerkmale eines Welpen

Wenn Sie sich einen Welpen ansehen, sollten Sie auf folgende Dinge achten:

- Blanke, leuchtende Augen sind ein Zeichen für Gesundheit. Wenig und klarer Augenausfluss ist normal, genauso wie etwas »Schlaf« im Auge. Gelblicher oder grünlicher Ausfluss weisen auf eine Bindehautentzündung oder eine ernsthaftere Erkrankung hin. Ist die Partie um die Augen herum kaum behaart (der Welpe sieht aus, als trage er eine Brille), hat der Hund vermutlich Milben. Das ist relativ einfach zu behandeln, der Züchter sollte es aber ansprechen.
- Die Ohren sollten sauber und wohlriechend sein. Schwarzes, scharf riechendes Sekret bedeutet eine infektiöse Ohrenentzündung und eventuell Milbenbefall.
- Beim Welpen sollten weder Rippen noch Wirbelsäule sichtbar sein, auch nicht bei Windhundwelpen. Ein kleiner Kullerbauch ist normal, ein aufgeblähter, trommelartiger Bauch dagegen könnte auf Wurmbefall hinweisen (nicht zu verwechseln mit dem Kugelbauch, den alle Welpen nach dem Fressen haben).
- Das Fell eines gesunden Welpen soll glänzen, weich und seidig sein. Wenn die Welpen gerade im Garten getobt haben oder eine Fußwanderung durch die Futterschüssel gemacht haben, sehen sie manchmal entsprechend aus. Trotzdem sollte man erkennen können, dass das Fell gesund ist. Wenn der Welpe nicht besonders sauber und gepflegt wirkt, achten Sie auf folgende Dinge: Ist er verspielt und energiegeladen? Oder wirkt er apathisch und zurückgezogen? Wenn Sie im Fell winzige kleine schwarze Punkte finden, ist das Flohkot. Sie können sicher sein, dass der Wurf Flöhe hat – und damit wahrscheinlich auch Würmer.
- Ein gesunder Welpe sollte eine kühle, feuchte Nase haben; bei trockenem, heißem Wetter oder direkt nach einem wilden Spiel kann die Nase allerdings auch einmal trocken sein. Wenn die Nase läuft oder sogar Schleim aus den Nasenlöchern läuft, ist der Welpe krank.
- Das Zahnfleisch sollte rosa sein, nicht rot und auch nicht blass bis weißlich. Die Zähne sollten weiß sein.
- Achten Sie beim Rüden darauf, dass beide Hoden zu fühlen sind (niemand wird sich wundern oder es Ihnen übel nehmen, wenn Sie nachfühlen). Bei manchen Rüden ist ein Hoden hochgerutscht und kommt erst später herunter. Das sollten Sie mit dem Züchter besprechen. Wenn der Hoden in der Bauchhöhle liegt, müssen Sie ihn später kastrieren lassen (was dem Hund nicht weiter schadet). Denn wenn der Hoden permanent überhitzt wird, können sich Tumoren bilden.

# Den passenden Welpen finden

Da sitzen Sie nun vor einem Wurf hinreißender Hundekinder, die alle unwiderstehlich aussehen: warm, weich und niedlich. Am liebsten würde man alle mitnehmen. Die Qual der Wahl sollten Sie trotzdem möglichst rational angehen.

Die Auswahl sollte eine Mischung aus Bauchgefühl, Objektivität und dem berühmten »Funken« sein. Ich weiß, das klingt nach lauter Gegensätzen. Aber: Bei den meisten Rassen ist der Welpe, der als Erstes auf mich zugewackelt kommt, nicht unbedingt der, den ich später haben möchte. Er ist möglicherweise zu forsch, zu mutig, zu selbstbewusst und marschiert auch als erwachsener Hund mit völliger Selbstverständlichkeit auf jeden fremden Menschen oder Hund zu. Ich möchte auch nicht die Rakete aus dem Wurf, denn ich muss dieses Temperament ja demnächst ganz alleine auffangen, ohne die Hilfe und Ablenkung seiner Geschwister. Und den Welpen, der schüchtern in der Ecke herumsitzt, möchte ich auch eher nicht.

Ich hätte gerne einen Welpen mit eher durchschnittlichem Temperament, der seine Geschwister bei wilden Spielen zwar unterstützt, aber sie nicht initiiert. Möglicherweise möchte ich sogar denjenigen Welpen, der sich lieber hinsetzt und den anderen zuschaut, wenn es ihm zu wild wird.

Welcher soll's denn sein? Beim Schlafen gleicht einer dem anderen, im wachen Zustand aber zeigen die drei kleinen Beagle völlig unterschiedliche Temperamente.

Suchen Sie eher eine Agility-Rakete oder doch lieber einen Schmusehund? Manche Hunde wie der Silken Windsprite beherrschen beide Disziplinen.

Es kommt natürlich darauf an, was man später mit einem Welpen machen will: Wer von einem Agility-Champion träumt, braucht gerade die Rakete. Wer einen Schutzhund sucht, der seine Farm in Afrika verteidigt, kann den, der sich erst mal hinsetzt, wenn es etwas lauter wird, nicht gebrauchen. Aber die meisten von uns wünschen sich doch wohl einen ausgeglichenen, liebevollen Familien- und Begleithund, der alles mitmacht, sich nicht so schnell aufregt und sich eher zurückzieht als sich nachdrücklich zu wehren, wenn er von Kindern belästigt wird.

## VERWEGEN ODER VERLEGEN?

Ob besser ein eher kühner oder ein eher zurückhaltender Hund zu Ihnen passt, hängt von Ihrem Umfeld und Ihrem Leben ab. Diese Charaktereigenschaften sind nicht gleichbedeutend mit »aggressiv« oder »ängstlich«. Jeder Welpe kann seine aggressiven oder ängstlichen Momente haben – unabhängig von seiner Persönlichkeit.

»Verwegen« oder »verlegen« sind auch keine Eigenschaften, die bei einem jungen Hund in Stein gemeißelt sind, sondern eher als charakterliche Tendenzen zu verstehen. Das eine ist nicht besser als das andere. Es kann jedoch wichtig für die Auswahl Ihres Hundes sein und auf jeden Fall für die Art und Weise, wie Sie ihn erziehen: Mit einem kecken jungen Hund muss man ein bisschen anders umgehen als mit einem eher schüchternen Welpen. Ein schüchterner Hund wird in einem Haushalt mit lauten, wilden, unerschrockenen Kindern ziemlich überfordert. Ein frecher, sehr mutiger Hund kann einen ängstlichen

Besitzer wahnsinnig machen. Lernen Sie, Ihren Welpen so zu lieben, wie er ist, und auf seinen Stärken aufzubauen, anstatt ihn zu bewerten. Einen schüchternen Welpen müssen Sie eher stark machen, damit er nach und nach mehr Selbstbewusstsein entwickelt. Einem unerschrockenen Welpen müssen Sie viele Grenzen setzen, damit er höflich wird. Arbeiten Sie mit den Charaktereigenschaften Ihres Hundes, nicht gegen sie.

## Verschiedene Auswahlkriterien

Nehmen Sie sich Zeit (ruhig auch ein paar Stunden), um die Welpen zu beobachten – am besten in unterschiedlichen Situationen: im Spiel miteinander drinnen, im Spiel miteinander draußen, im Umgang mit der Mutter oder den anderen erwachsenen Hunden. Kommt einer der Kleinen angelaufen, um zu sehen, was Sie da machen, wenn Sie bescheiden am »Spielfeldrand« mit etwas rascheln oder knistern? (Der Welpe, der sich trotz aller Bemühungen überhaupt nicht um Sie kümmert, ist auch nicht der Richtige für Sie.) Nehmen Sie die Welpen, die in Ihre engere Wahl fallen, jeweils einzeln auf den Schoß. Bleiben sie entspannt dort sitzen und lassen sich den Bauch kraulen? Geben sie, auch wenn sie lieber wieder herunter und weiterspielen wollen, nach einem kurzen Unmutsgemaule doch nach und finden es ganz gemütlich bei Ihnen?

Achten Sie auch darauf, ob einer der Welpen möglicherweise von den anderen immer gemobbt wird: So ein Tier wird sich innerhalb der Gruppe automatisch zurückhaltender verhalten. Das heißt aber nicht, dass er vom Charakter her tatsächlich schüchterner ist, sondern nur, dass er sich in die Gruppendynamik einfügen muss (meine Geschwister haben auch ein völlig anderes Bild von mir als meine Freunde, weil sie mich unter völlig anderen Umständen kennengelernt haben). Nehmen Sie diesen Welpen aus der Gruppe heraus und beschäftigen Sie sich in einem anderen Raum oder im Garten mit ihm: Er könnte Sie überraschen.

Trauen Sie nicht zuletzt auch dem Züchter. Sie haben ihm sicher recht genau geschildert, wie Ihr Leben aussieht und was für einen Hund Sie sich wünschen. Dann legt er Ihnen anhand Ihrer Kriterien einen seiner Welpen ganz besonders ans Herz. Er wird es wissen, schließlich kennt er seine Hunde seit dem allerersten Moment.

## Besuch beim Züchter

Wenn der Züchter nicht allzu weit von Ihnen entfernt lebt, besuchen Sie ihn ruhig mehrmals. Bevor die Welpen nicht mindestens sechs Wochen alt sind, kann man sich von ihrem Temperament und ihrem Charakter kein zuverlässiges Bild machen. Und wenn der Züchter behauptet, er könne es doch, ist das eine mutige Behauptung: Die Verhaltensmuster fangen ja erst mit fünfeinhalb, sechs Wochen an, sich wirklich zu manifestieren (siehe auch ab Seite 31).

### Rüde oder Hündin?

Diese Frage ist kaum befriedigend und allgemeingültig zu beantworten. Jeder hat eigene Vorlieben. Manche behaupten, dass Hündinnen anschmiegsamer, Rüden dagegen machohafter wären – und bei einigen Rassen ist das sicherlich richtig. Bei besonders kopfstarken, selbstbewussten Rassen wie Jack Russell Terrier, Rottweiler, Weimaraner oder den Vorstehhunden würde ich mich wahrscheinlich auch immer eher für eine Hündin entscheiden. Bei vielen anderen Rassen spielt das Geschlecht dagegen überhaupt keine Rolle. Wenn allerdings in Ihrer direkten Nachbarschaft jede Menge unkastrierter Hündinnen leben, sollten Sie sich überlegen, ob Sie sich und Ihrem Rüden diesen Stress tatsächlich antun möchten. Wenn Sie eine Hündin nehmen möchten, diese aber nicht kastriert werden soll, müssen Sie vorher überlegen, ob Sie

während der Läufigkeiten genügend Ausweichmöglichkeiten hat, um spazieren zu gehen, ohne alle Rüden des Bezirks auf Ihre Spur zu lenken oder sich im Morgengrauen durch die Büsche schleichen zu müssen.

## DARF'S EINER MEHR SEIN?

Natürlich sind sie alle wahnsinnig niedlich. Und ich bin die Erste, die Ihnen dazu raten würde, mehrere Hunde gleichzeitig zu halten. Aber: ich würde nie irgendjemandem dazu raten, zwei Welpen gleichzeitig zu übernehmen – es sei denn man hat viel zu viel Zeit, lebt mit einem arbeitslosen Hundetrainer zusammen und wird in seinem restlichen Leben einfach nicht genug gefordert.

Fragen Sie mal die Mütter von Zwillingen, wie viel Spaß es macht, zwei Babys »gleichzeitig« zu wickeln, zwei Babys hintereinander zu füttern oder zwei Babys zum Schlafen zu bringen, wenn immer wieder das eine das andere weckt …

Tatsache ist, dass zwei Welpen sich erst einmal aneinander orientieren, bevor sie auf die Idee kommen, darauf zu achten, was Sie eigentlich wollen. Es ist für die Hündchen viel leichter, sich aufeinander zu konzentrieren, als die Menschensprache zu erlernen: Einander verstehen sie ja schon. Dazu kommt, dass Welpen, die man zusammen angeschafft hat, im Laufe der Zeit häufig eine echte Abhängigkeit voneinander entwickeln. Man kann sie dann nicht mehr alleine spazieren führen oder zum Tierarzt bringen, weil der eine ohne den anderen stundenlang heult oder sich nicht traut, das Haus ohne seine »bessere Hälfte« zu verlassen.

Ob man sich für einen Rüden oder eine Hündin entscheidet, hängt meistens von den Lebensumständen und den einzelnen Hunden ab. (Papillon-Welpen)

Es ist in jedem Fall für alle Beteiligten besser – auch für die Hunde –, wenn der erste Hund schon einigermaßen zuverlässig erzogen ist, bevor man noch einen weiteren Welpen ins Haus holt. (Berner Sennenhunde)

Um einen Hund sorgfältig erziehen zu können, muss man alleine mit ihm arbeiten. Wie wundervoll zwei Welpen auch miteinander spielen mögen: Zwei Welpen bedeutet auch, dass man erst mit dem einen, dann mit dem anderen bestimmte Dinge üben und zweimal einzeln spazieren gehen muss. Sogar bei meinen erwachsenen Hunden ist immer wieder einmal Einzelarbeit fällig, obwohl in ihren Köpfen das Programm ja eigentlich bereits richtig läuft und nur ab und zu einen kleinen Neustart braucht. Für einen Welpen dagegen ist es schwer, zuverlässig auf »Komm!« zu reagieren, wenn die kleine Schwester oder das Brüderlein gerade einen 1A-angegammelten Maulwurf gefunden hat.

Bei Hunden mit Jagdinstinkt wird sich noch ein weiteres Problem entwickeln: Selbst wenn Sie einen einzelnen Hund rechtzeitig zurechtweisen können, wenn er eine Spur in der Nase hat oder fliehendes Wild sieht, können Sie das bei zwei Hunden vergessen. Der eine wird den anderen mitziehen, da können Sie so viel rufen, wie Sie lustig sind. Auch wenn man für gewöhnlich an seinen Aufgaben wächst: Dafür braucht man wirklich Erfahrung. Nehmen Sie also erst einmal einen Welpen. Ziehen Sie ihn groß, bauen Sie eine enge Bindung zu ihm auf, machen Sie einen zuverlässigen, sicheren, wohlerzogenen Hund aus ihm. Und wenn Sie es dann noch wollen, nehmen Sie einen zweiten Hund dazu.

Wie bei uns Menschen gibt es auch unter Hunden ganz unterschiedliche Charaktere. Die einen sind, wie dieser junge Boxer, mutige Entdecker. Andere sind eher zurückhaltend.

## KEINER GLEICHT DEM ANDEREN

Damit das Zusammenleben mit einem Hund funktioniert, muss er vom Wesen und seinen Eigenschaften her zu uns passen. Wer selbst eher zurückhaltend und sanft ist, wird möglicherweise Schwierigkeiten haben, sich gegen einen Dickschädel durchzusetzen. Wer seinen ersten Hund aussucht, braucht einen robusten Vierbeiner, der eine Unbedachtheit in der Erziehung oder im Handeln verzeiht. Ob der Hund genau die Farbe hat, die Sie sich schon immer gewünscht haben, spielt keine Rolle mehr, wenn Sie später nicht mit ihm klarkommen. Und ob das Ohr attraktiv geknickt ist oder nicht, ist später auch ziemlich wurscht, wenn das Temperament Ihres Hundes vollkommen gegensätzlich zu Ihrem eigenen ist. Überlegen Sie sich daher gut, ob Sie mit einem hochsensiblen Tier an Ihrer Seite froh werden können, oder ob Sie eher einen widerstandsfähigeren Hund brauchen, der Ihnen mit Vergnügen durch alle Wetterlagen des Lebens folgt. Nur ein Mensch-Hund-Team, das sich wirklich versteht und ein vertrauensvolles Verhältnis und eine enge Bindung hat, kann sich aufeinander verlassen. Früher machte man gerne »Welpentests«, um herauszufinden, welcher Hund der geeignetste wäre. Sie sollten zeigen, wie der Hund sich zukünftig weiterentwickeln würde, ob er »aggressiv-dominant« ist, schüchtern oder eine Schlafmütze. »Erfunden« wurden diese Tests vor allem von Jägern, die bei der Arbeit auf die Veranlagung ihres Gebrauchshundes wirklich angewiesen waren. Tatsächlich sind solche Tests aber ausgesprochen abhängig von der Tagesform der Welpen. Wer gerade furchtbar getobt hat, wird keine gute »Performance« abliefern. Wem ein Pups quersitzt oder wem der Magen knurrt, ist möglicherweise gerade ein bisschen zickig … Wirklich aussagekräftig sind diese Tests also nicht.

Der beste Welpentest ist die 24-stündige Beobachtung der kleinen Hundekinder. Weil Sie schlecht beim Züchter ins Wohnzimmer einziehen können, müssen Sie ihm oder der Person, die die Welpen betreut, also vertrauen. Denn sie kennen die Welpen am allerbesten – während der guten Tageszeiten genauso wie während der schlechteren. Ein kleiner Rabauke, der überall mitmischt und sich als »Krawallmaus« präsentiert, ist vielleicht gar nicht mehr so souverän, wenn er ohne seine Geschwister auf sich selbst gestellt ist. Und der Welpe, der während Ihres Besuchs immer am Rand sitzt und das Geschehen beobachtet, ist vielleicht gar keine Schlafmütze, sondern der Souveränste der Truppe.

Es gibt dabei einige Dinge, auf die Sie unbedingt achten sollten, auch damit Sie wissen, welche Dinge Sie in den ersten Wochen vielleicht besonders intensiv mit Ihrem Hundekind machen sollten. Die Grundlagen für das erwachsene Leben Ihres Hundes können – und sollten! – jetzt gelegt werden.

Beobachten Sie den Züchter/den Vermittler. Achten Sie dabei weniger auf die äußeren Haltungsbedingungen als auf die Beziehung zwischen den Menschen und ihren Hunden.

- Fällt Ihnen am Verhalten der erwachsenen Hunde irgendetwas besonders positiv oder negativ auf?
- Haben die Hunde Vertrauen zu ihren Menschen?
- Machen sie einen offenen, zufriedenen, freundlichen und sicheren Eindruck, oder wirken sie in Gegenwart ihres Züchters/Vermittlers eher ängstlich, unsicher oder zeigen Aggressionsverhalten?
- Begegnen die Züchter/Vermittler ihren Hunden mit souveräner Freundlichkeit, oder scheinen eher Stress und/oder unnötige Härte der Grundton zu sein?
- Wenn Sie das Verhalten der Mutterhündin beobachten, können Sie sich vorstellen, dass dies Ihr Hund wäre?
- Wirken die Welpen insgesamt neugierig und aufgeweckt und auch an fremden Menschen interessiert?

## Der Mensch als Sozialpartner

Die ersten Wochen eines Hundes sind von elementarer Bedeutung. Der Mensch muss in dieser Zeit von den Welpen unbedingt und so viel wie möglich als Sozialpartner verstanden werden, sonst wird es später viel schwieriger, eine vertrauensvolle Bindung aufzubauen. Ein Welpe, der immer wieder den Geruch des Menschen mit angenehmem Körperkontakt, Streicheln, Bauchkraulen und Wärme wahrnimmt, wird auf diese Weise von Anfang an positiv auf den Menschen geprägt. Ein Welpe, der im Haus aufwächst – im Gegensatz zu Zwingerhaltung –, hat den Menschen ständig in seiner Nähe. So lernt er ganz nebenbei alle akustischen und optischen Reize unseres Lebens kennen und als ungefährlich zu bewerten. Es ist also viel besser, sich einen Welpen auszusuchen, der unter solchen Bedingungen aufwachsen konnte.

# Du bist aber
# groß geworden!

Bis zu einem Alter von etwa zweieinhalb Wochen ähneln die meisten Hunde-welpen eher rundlichen Meerschweinchen als ihren erwachsenen Verwandten. Erst danach strecken sich Schnauzen, stellen sich die Ohren langsam auf, wer-den kleine Hündchen langsam zu richtigen Hunden mit erkennbarem Profil.

### DEUTSCHE DOGGE
Die **freundlichen Hunderiesen** kommen mit einem Geburts-gewicht von circa 500 Gramm auf die Welt. Sie brauchen etwa 18 Monate, um ihr End-gewicht von ungefähr 70 Kilo und eine Schulterhöhe von 70–80 Zentimeter zu erreichen.

### FRANZÖSISCHE BULLDOGGE
Die Französische Bulldogge ist mit sieben, acht Monaten gewöhnlich ausgewachsen und hat dann eine Schulterhöhe von rund 30 Zentime-tern erreicht. Der **charakteristische Kopf** entwickelt sich aber in den fol-genden Monaten weiter, bis der Hund etwa zweieinhalb Jahre alt ist.

## WHIPPET

Der Whippet kommt als **Leicht-gewicht** zur Welt: rund 350 Gramm bringt er bei der Geburt auf die Waage. Ausgewachsene Hunde wiegen etwa 12,5–14 Kilo, bei einer Schulter-höhe von 43–51 Zentimeter.

## PAPILLON

Schon im 18. Jahrhundert waren Papillons bei Hofe beliebte Schoßhunde. Dabei sind sie trotz ihrer geringen Größe (20–28 Zentimeter Schulter-höhe) und des Federgewichts (2,5–4,5 Kilo) **superschlaue** und **supersportliche** Hunde, die entsprechend beschäftigt werden sollten.

## DALMATINER

Dalmatiner kommen norma-lerweise weiß auf die Welt. Erst nach zehn Tagen bilden sich die **berühmten Tupfen.** Die Winzlinge wachsen zu ka-pitalen **Sportskanonen** mit einer Schulterhöhe von bis zu 61 Zentimeter und einem Ge-wicht von 27–32 Kilo heran.

# DIE ENTWICKLUNG
## DES WELPEN

# Vom Neugeborenen zum Junghund

Vom Zeitpunkt seiner Geburt an bis zu dem Augenblick, in dem er bei Ihnen einzieht – und mehr noch: bis er erwachsen ist! –, macht Ihr Welpe in Windeseile eine ungeheure Entwicklung durch, für die Menschen ein halbes Leben benötigen. Damit ein guter Hund aus ihm wird, können Züchter und werdende Besitzer einiges tun.

## 1.–14. TAG: DIE NEONATALE ODER VEGETATIVE PHASE

Ein Welpe wird taub und blind geboren. Direkt nach der Geburt hat er nur eine Mission: Wärme und Nahrung zu bekommen. Er bewegt sich daher instinktiv auf jegliche Wärmequelle zu, während seine Schnauze reflexhaft an allem festhält, was er berührt. Das lohnt sich endlich, sobald er die warme Unterseite seiner Mutter spürt: Wenn er erst die Zitze gefunden hat, saugt er gleich die warme Milch voller Antikörper ein.

In den ersten zwei Wochen verbringen Welpen den Großteil ihrer Zeit schlafend in einem großen Geschwisterhaufen – mit kurzen Unterbrechungen, in denen sie Milch saugen. Sie haben noch keinen Zitterreflex und auch keine isolierende Fettschicht gegen Kälte. Die Fähigkeit, die eigene Körpertemperatur zu regulieren, entwickelt sich erst im Laufe von dreieinhalb Wochen. Vorher setzen sie, sobald man sie trennt, Geruchs- und Tastsinn ein, um ihre Geschwister wiederzufinden, um sich warm zu halten. Erst im Alter von etwa vier Wochen erreicht ihr Körper seine Durchschnittstemperatur von rund 38 °C. Dann beginnen sie, auch weiter entfernt voneinander oder Seite an Seite zu schlafen. Allerdings gibt es viele Welpen und auch ausgewachsene Hunde, die auch weiterhin gerne »Kontaktliegen« – mit einem anderen Hund, einem Menschen, aber auch mit einer Wand oder einem Möbelstück.

Noch funktionieren nur drei der fünf hündischen Sinne: Tastsinn, Geschmackssinn und Geruchssinn. Und auch diese Sinne sind noch längst nicht vollständig ausgebildet. Trotzdem ist der Geruchssinn des Welpen schon jetzt besser als unserer.

Bisher können Welpen auch noch keine Angst vor ihrem Umfeld empfinden. Allerdings reagieren sie auf Schmerzen, Unbehagen, Hunger oder kleinere Störungen mit Gejammer. Menschen neigen dazu, stets für ein möglichst stressfreies Umfeld zu sorgen. Dabei ist es für die Entwicklung von Welpen sehr hilfreich, wenn man vorsätzlich kleine »Störer« in ihren Tag einbaut. Ein wenig wohldosierter Stress hilft ihnen, auch später im Leben besser damit umgehen zu können. Schon in der neonatalen Phase sollte man sich täglich mit den Welpen beschäftigen. Gerade bei zurückhaltenden Rassen macht es einen enormen Unterschied, täglich ihre kleinen Ruten, Köpfchen, Bäuche und Mäulchen

## Supernasen

Der Geruchssinn eines erwachsenen Hundes ist etwa eine Million Mal besser als der des Menschen. Selbst als Neugeborene haben Welpen einen besseren Geruchssinn als wir. Im Laufe weniger Wochen entwickelt sich ihre außerordentliche Fähigkeit, noch die kleinsten Geruchsspuren zu erkennen, eineiige Zwillinge anhand ihres Geruchs auseinanderzuhalten, Angst, Nervosität und Krebszellen zu erschnuppern und selbst tropfenartige Geruchsspuren in Gewässern zu erkennen. Hunde besitzen rund 200 Millionen Riechzellen, wir selbst haben gerade einmal ein Viertel davon. Es geht deshalb weit über die menschliche Vorstellungskraft hinaus, die Welt auf diese Weise wahrnehmen zu können.

zu befühlen, sie auf kalte, glatte oder warme Untergründe zu setzen und sie für mindestens 30 Sekunden bis einige Minuten in unterschiedlichen Positionen zu halten (»Ein bisschen Quälen gehört dazu«, wie meine Großmutter immer sagte, die eine echte Hundefrau war).

Schon nach einer Woche kann man erkennen, dass die Reaktion auf Berührung und Stressfaktoren deutlich gemildert ist. Die Hunde werden später deutlich entspannter mit ungewöhnlichen Berührungen und Vorkommnissen umgehen können. Es wird für den neuen Besitzer deutlich einfacher, den Hund zum Beispiel zu baden, zu bürsten oder ihm die Füße abzuwischen.

## 14.–21. TAG: DIE ÜBERGANGSPHASE

Zwischen dem 11. und dem 15. Tag öffnen Welpen ihre Augen und die ersten Milchzähne brechen durch. Anfangs können sie nur Bewegung und Schatten erkennen, aber noch keine scharfen Bilder sehen. Doch in den nächsten Tagen entwickelt sich das Sehvermögen zusehends: Bis zum 17. oder 18. Lebenstag kann der Welpe akustische und optische Reize voll wahrnehmen. Allerdings sehen selbst erwachsene Hunde nicht so gut und auch etwas anders als Menschen. Sie haben es schließlich nicht nötig, E-Mails und Straßenschilder zu lesen. Weil ihre Augen anders angeordnet sind als unsere, haben sie einen breiteren Blickwinkel. Hunde müssen sechs Meter an ein Objekt herankommen, um das zu sehen, was wir schon aus 20 Metern Entfernung ausmachen können. Außerdem

übersehen sie gewöhnlich Objekte, die still-
stehen, und nehmen Dinge erst wahr, wenn
sie sich bewegen (weshalb sich unerfahrene
Hunde manchmal fürchterlich erschrecken,
wenn sich jemand plötzlich bewegt – oder
diesem Jemand reflexartig hinterherrennen).
Nur nachts können Hunde vier- bis fünfmal
besser sehen als Menschen. Das liegt an der
reflektierenden Schicht hinter der Netzhaut
(sie wird Tapetum lucidum genannt und ist
auch der Grund, weshalb die Augen von
Hunden im Gegen- beziehungsweise Blitz-
licht zu glühen scheinen: Das einfallende
Licht passiert die Netzhaut, wird am Tapetum
reflektiert und passiert die Netzhaut dann ein
zweites Mal).

Nach dem 14. Tag öffnen sich langsam auch
die Gehörgänge der Welpen. Von jetzt an
sollten sie mit allen möglichen Geräuschen
konfrontiert werden: Je mehr Alltagsgeräu-
schen ein kleiner Hund ausgesetzt wird
(wie zum Beispiel Verkehrslärm, Autotüren,
kreischende Kinder, streitende Erwachsene,
Volksmusik, Staubsauger, Kochtöpfe, Gesang,
Sirenen und Donner), desto weniger ängstlich wird er später auf derlei reagieren. Es gibt
sogar CDs für Hunde, die genau diese Geräusche in wohldosierter Lautstärke enthalten.
Es ist nicht so, als hätten Hunde derlei früher
nicht gelernt: Aber wenn Sie zu den Leuten
gehören, die eher ruhig und beschaulich leben, ohne ohrenbetäubende Kleinkinder und
Teenager im Haus und einer Großbaustelle

gegenüber, dann können solche Hilfsmittel
durchaus nützlich sein.
Mit etwa zwei Wochen können die Welpen
selbstständig Harn und Kot absetzen und
entfernen sich dafür vom Lager. Sie beginnen
jetzt auch, ihre Geschwister, Menschen und
andere Tiere um sich herum wahrzunehmen
und mit ihnen zu »bonden«. Sie stehen das
erste Mal auf und beginnen – erst noch recht
wackelig – zu laufen.
Mit etwa 21 Tagen schließlich fangen die
Welpen an, ihre Umwelt richtig zu erkunden,
sich miteinander zu beschäftigen und zu spielen, auch wenn sie dabei immer noch dauernd umfallen: Jetzt beginnt die sogenannte
Sozialisierungsphase (siehe Seite 34).

Zwischen dem 11. und 15. Tag öffnen Welpen
(hier Magyar Vizsla) ihre Augen. Anfangs können sie aber nur Schatten erkennen.

## Was hat der Züchter von der Sozialisierung?

Jeder Wurf spiegelt die Leidenschaft des Züchters für seine Hunde wider. Abgesehen von der reinen Freude und dem befriedigenden Wissen, die gesündesten, schlauesten und schönsten Welpen aufzuziehen, sorgen frühe Sozialisierung und das Beibringen gewisser Grundregeln schlicht dafür, dass das Leben des Welpen und seiner neuen Besitzer von vornherein reibungsloser und leichter verläuft. Höfliche, wohlerzogene Hunde dürfen mehr am Leben teilnehmen, dürfen sich in Haus und Garten freier bewegen und werden regelmäßig auf Spaziergänge mitgenommen, anstatt einfach in den Garten gesperrt oder irgendwann abgegeben zu werden, weil der Besitzer mit ihnen nicht zurechtkommt. Souveräne, freundliche und offene Hunde dürfen andere Leute treffen und begrüßen. Sie müssen nicht jedes Mal weggesperrt werden, wenn Besuch kommt.

### 21. TAG–12. WOCHE: SENSIBLE SOZIALISIERUNGSPHASE

Ab dem Alter von drei Wochen entwickeln die Hundekinder die Mehrzahl ihrer sozialen Verhaltensweisen. Jetzt lernen sie die Bedeutung der Körpersignale anderer Hunde kennen und deuten. Sie können Spielsachen herumtragen, sich miteinander kloppen und ihre Kräfte messen. Und sie fangen an, neben der Muttermilch weiche Nahrung aufzunehmen. Gleichzeitig hört die Hundemutter jetzt langsam auf, sich um die Entfernung der Kinderhäufchen zu kümmern. Jetzt ist der Mensch zunehmend im hygienischen Sinne gefragt. In der sensiblen Sozialisierungsphase werden die Grundsteine für ihr späteres Hundeleben gelegt: Sie lernen, dass und ob andere Menschen eine angenehme Erscheinung sind, von denen Spaß und Abenteuer zu erwarten sind. Und sie lernen, sich mit neuen, fremden Objekten auseinanderzusetzen. Wenn manche Welpen aus charakterlichen Gründen eher unsicher oder ängstlich sind, kann der Züchter jetzt gegensteuern, indem er diese speziellen Welpen besonders fordert. Er kann sie zum Beispiel immer wieder kurz in eine ungewohnte Umgebung setzen und sie dort füttern oder sie mit Staubsaugergeräuschen konfrontieren, während er fröhlich mit ihnen spielt. Auf diese Weise sorgt er dafür, dass sie Dinge, die sie unruhig machen, mit positiven Erlebnissen verknüpfen.

Überhaupt gehört es zu den wichtigen Aufgaben eines verantwortungsvollen Züchters, das Gehirn eines Welpen zu fördern. Welpen, die nicht ausreichend sozialisiert wurden, sind später häufig ängstlich gegenüber fremden Hunden, Objekten, Umgebungen oder Geräuschen. Viele Leute nehmen dann automatisch an, dass sie am Anfang ihres Lebens misshandelt wurden. Dabei ist häufig genau das Gegenteil der Fall: Diese Hunde haben am Anfang ihres Lebens meistens viel zu wenig erlebt. Man kann dies zwar auch später noch »reparieren«, denn die Sozialisierungsphase hört bei Hunden glücklicherweise nie auf. Es ist jedoch ungleich mühsamer, als wenn sie gleich sehr sicher auf ihre vier Füße ins Leben gestellt werden.

## AB DER 5. WOCHE: VOM UMGANG MIT ANDEREN HUNDEN

Die Welpen wachsen schnell. Sie können Menschen und ihre Stimmen unterscheiden, Verhaltensmuster entwickeln sich. In dieser Phase seines Lebens lernt der junge Hund, wie er mit anderen Hunden umgeht und dass das meiste, was er tut, Konsequenzen hat. Auch die Mutterhündin beginnt nun, die Welpen zu erziehen – und sollte auch nicht daran gehindert werden: Die Jungen müssen lernen, dass das leichte Zähneblecken von Mama bedeutet, dass es jetzt gleich ein Schnappen oder eine Ohrfeige setzt. Ideal ist es, wenn beim Züchter noch weitere Hunde herumlaufen, die mit den Welpen interagieren dürfen: So lernen sie, dass mit manchen alten Tanten nicht gut Kirschen essen ist, dass man mit Papa alles machen kann, dass manche Halbgeschwister sie härter rannehmen – ganz so, wie auch Kinder dann am meisten vom Leben mitbekommen, wenn es Geschwister, Eltern, Tanten, Großeltern oder verschiedene Erwachsene gibt, mit denen sie jeweils individuell umgehen müssen. Hunde sind im Umgang mit fremden Menschen oft unsicher – besonders gegenüber Männern,

Ab der fünften Lebenswoche (1) entwickeln sich langsam Verhaltensmuster, ab der sechsten (2) beginnt das Sozialverhalten.

was unter anderem daran liegt, dass sie häufig von Frauen aufgezogen werden und Männer meist ein ganz anderes, dominanteres Auftreten und eine tiefere Stimme haben. Daher ist es wichtig, dass Welpen von Anfang an zu möglichst vielen Personen Kontakt haben. Die eigenen Familienmitglieder sind dazu nicht genug, Besuch muss her. Er soll mit den Welpen spielen, sie auf den Arm oder Schoß nehmen, interessante neue Spielsachen präsentieren … Nur so lernen sie, dass fremde Leute eine super Sache sind.

Falls Sie sich Ihren Welpen nicht nur nach der Farbe, sondern nach seiner Persönlichkeit aussuchen (was ich Ihnen unbedingt raten würde: Auch der schönste Hund kann einem unsäglich auf die Nerven gehen, wenn er vom Temperament nicht zu Ihnen, Ihrer Familie oder Ihren anderen Tieren passt), ist es jetzt übrigens noch zu früh, sich für einen Welpen zu entscheiden. Die kleinen Dinger können ja noch nicht einmal um die Kurve galoppieren. Ob einer ein Raufbold ist, ein Mobber, ein Krachmacher oder von durchschnittlichem Temperament (was ich persönlich bevorzuge), ist bisher nicht zu erkennen. Das zeigt sich erst, sobald die Motorik sicherer ist. Lassen Sie sich vom Züchter nicht einreden, dass er das jetzt schon erkennt: In den nächsten zwei Wochen kann sich alles ändern.

### Autofahren

Nachdem die meisten Welpen von ihren neuen Besitzern mit dem Auto abgeholt werden, macht es Sinn, mit ihnen schon ab der vierten, fünften Woche das Autofahren zu üben. Niemand wird hoffentlich auf die Idee kommen, einen Wurf junger Hunde frei auf der

> **»** Meine Hündin Gretel wuchs in einer großen Hundegruppe aus ihren Eltern, vielen Tanten, Onkeln, Halbbrüdern und -schwestern verschiedenen Alters auf. Als ich sie bekam, war sie von vornherein höflich im Umgang mit anderen unbekannten Hunden. Sie war nie übermäßig aufgeregt und hopste nicht an ihnen hoch, sie zog fremde Hunde nicht an den Ohren und reagierte sofort, wenn ein anderer Hund Unwillen signalisierte. Fremden Hunden gegenüber blieb sie immer völlig entspannt, interessiert an einem kleinen Spielchen, aber nicht besonders fokussiert darauf. **«**

Rückbank herumhopsen zu lassen. Der sicherste Ort für sie ist die Hundebox (siehe Seite 54–55). Sicher verstaut und mit ein paar Kaustangen ausgerüstet, fährt man immer wieder einmal kurz um den Block. Auf diese Weise geübt, fürchten sich die Welpen gewöhnlich nicht mehr vor dem Autofahren.

## 6. UND 7. WOCHE: PRIMÄRE SOZIALISATION

Ab der sechsten Lebenswoche beginnt die Hundemutter gewöhnlich mit dem Abstillen. Die nicht mehr ganz so kleinen Welpen ver-

Mit der sechsten Woche werden die Welpen langsam zu »richtigen« Hunden. Beim Spiel mit den Geschwistern lernen sie, ab wann es wehtut – und ob zum Beispiel ihre Ruten geeignete Henkel sind.

suchen jetzt vermehrt, es den erwachsenen Tieren gleichzutun: Sie reiten auf, knurren viel und üben sich im Dominanzverhalten. Häufig stellt man fest, dass die Geschwister mit einem bestimmten passiven Welpen rau umgehen, bis alle Beteiligten immer aufgeregter und lauter werden. Der Mensch muss dann manchmal eingreifen, indem er die Welpen ruft und ablenkt. Andererseits muss der passive Welpe aber auch lernen, sich mit einem wohlplatzierten Schnappen gegen die Übergriffe zu wehren. Jetzt lernen die Welpen auch die Beißhemmung, eine Kontrolle der Intensität des »Zubeißens«.

In den meisten Familien lernen die Welpen von ganz alleine, auf verschiedenen Unter-

gründen zu laufen: glattem Küchenfußboden, Parkett, Teppich, Fliesen, Kopfsteinpflaster … Plüschtunnel, Skateboards oder einzelne flache Stufen helfen den Welpen, unterschiedliche Höhen sowie die Länge ihrer eigenen Beine einzuschätzen. Unglaublich wichtig ist auch, die Welpen an nasse Böden, nasses oder kaltes Gras und Ähnliches zu gewöhnen. Sonst werden sie später Jammerlappen, die bei Regen oder Schnee nicht draußen aufs Klo gehen wollen.

Mit sechs Wochen können Welpen für fünf bis zehn Minuten auch im Schnee oder bei leichtem Regen herumtoben. Solange sie nicht nur herumsitzen, riskieren sie dabei keine Erkältung.

## 8. WOCHE: FREMDELPHASE

Die achte Woche ist häufig die, in der Welpen plötzlich anfangen, sich vor allen möglichen Dingen zu fürchten. Ähnlich wie Menschenbabys kommen sie in eine Fremdelphase. Eigentlich nicht der allerbeste Zeitpunkt, um aus seiner kleinen Welt in eine neue, fremde umzuziehen – auch wenn Züchter junge Hunde lange Zeit meist mit acht Wochen abgegeben haben (und dies auch heute oft noch

### Pausen sind wichtig

Natürlich kann man junge Hunde hoffnungslos überfordern, indem man sie permanent und pausenlos mit neuen Eindrücken überflutet. Aber meistens zeigen Welpen einem von alleine, ob sie noch können. Wenn sie fertig sind, fallen sie nämlich einfach kollapsartig um und schlafen ein. Im Alter von acht Wochen brauchen Welpen ungefähr das Dreifache an Ruhezeit wie für Spiel, Spaß und Abenteuer. Diese Ruhezeiten sind unglaublich wichtig für ihr Gehirn, damit sich das Erlernte darin auch verfestigen kann.

tun). Je nach Konstitution der Welpen können Sie getrost bis zur zehnten, zwölften Woche warten, ehe Sie übernehmen: Das Hundekind ist dann auch etwas stabiler und seine Blase ist ein bisschen größer. Ein, zwei Wochen machen kaum einen Unterschied in Ihrem Leben, aber unendlich viel im Leben Ihres zukünftigen Hundekindes. Gedulden Sie sich noch ein bisschen, wenn es geht.

Noch immer ziehen viele Welpen mit acht Wochen in ihr neues Zuhause, dabei tun sie sich ein, zwei Wochen später, wenn die »Angstphase« vorüber ist, meist viel leichter.

Der Welpe hat es nicht leicht, Sie zu verstehen, Sie selbst beherrschen die Hundesprache auch noch nicht richtig: Gehen Sie daher freundlich und liebevoll mit ihm um.

## 12. WOCHE: DIE »SEKUNDÄRE« SOZIALISATION BEGINNT

Der Welpe ist kein Baby mehr, sondern ein »Kleinkind«. Höchste Zeit, die gesellschaftlichen Grundregeln zu lernen: Wie soll er sich als erwachsener Hund verhalten? Jetzt werden Stress- und Frustrationstoleranz geübt, Sozialverhalten und Kommunikation werden stabilisiert. Erziehung bedeutet nicht, den Willen des Hundes zu brechen oder ihm mit Dominanzgesten Angst einzujagen. Erziehung bedeutet, den Kopf Ihres Hundes zu fordern, die Kommunikation zwischen Ihnen aufzubauen und zu fördern und den Hund zu einem sicheren, selbstbewussten Teil unserer persönlichen Welt zu machen, der entspannt, aufmerksam und fröhlich ist. Wie dies gelingt, erfahren Sie ab Seite 119.

## 16. WOCHE: BEGINN DER »JUNGHUNDEPHASE«

Der Welpe ist jetzt ein »Junghund«. Langsam verliert er sein Milchgebiss (die Fangzähne gewöhnlich zuerst), was auch bedeutet, dass er ein besseres Gefühl für seine Zähne bekommt: Er wird jetzt von sich aus vorsichtiger mit dem Beißen bei Spielen. Halten Sie Kauknochen parat, denn nachwachsende Zähne jucken, und sollte er sich doch einmal vergessen, lenken Sie ihn mit einem Büffelhautknochen oder Ähnlichem schnell ab.

Ab jetzt sollten Sie mit dem Welpen, der in diesem Alter immer wieder testet, was das Wort »Nein« eigentlich genau bedeutet, in eine Welpenschule gehen. Dort kann er unter Aufsicht mit gleichaltrigen Hunden unterschiedlicher Größe spielen und lernen, was geht und was nicht. Auch innerhalb »seiner« Gruppe zu Hause etabliert sich sein Status.

## 5. MONAT: ZWEITE SENSIBLE ENTWICKLUNGSPHASE

In diesem Alter finden die körperlichen und psychischen Ausreifungsvorgänge statt – selbst aufgeschlossene, selbstbewusste Hunde können auf einmal »komisch« und empfindlich auf Neues reagieren, auf Menschen genauso wie auf Dinge oder Situationen. Führen Sie den Hund weiterhin mit fröhlichem, selbstverständlichem Ton gut gelaunt an »gruselige« Dinge heran und bestätigen Sie ihn bei neuen Ängsten nicht durch »Trost«.

## 6.–8. MONAT: DIE PUBERTÄT

Die meisten Organe und Gewebe haben jetzt ihre letztendliche Größe erreicht. Die Herzfrequenz beträgt rund 75 Schläge pro Minute. Das Skelett jedoch wächst noch immer und die Knochen werden nun erst richtig fest (um Fehlstellungen und »Verbiegungen« zu vermeiden, durfte Ihr Hund bisher noch keine Treppen steigen).

Gegen Ende des sechsten Monats sollte das Gebiss vollständig sein. Statt der 28 Zähnchen im Milchgebiss hat der Hund dann 42 starke weiße Zähne. Er hat aber immer noch einen deutlich höheren Kalorienbedarf als ein erwachsener Hund, weshalb Sie darauf achten müssen, dass er nicht zu dünn wird. Ungefähr um diese Zeit beginnt auch die Pubertät des Hundes: Sein Verhalten lässt

Mit fünf, sechs Monaten ist der Viszla buchstäblich »halbwüchsig«: die Körperteile scheinen nicht ganz zu passen, und im Kopf laufen die Schalter auch nicht ganz einwandfrei.

sich in etwa mit dem eines 13- bis 17-jährigen Teenagers vergleichen. Das Gehirn Ihres Wunderhundes scheint sich in Gurkensalat verwandelt zu haben und wenn Sie ihn beim Namen rufen, starrt er Sie mit leerem Blick an, als habe er dieses Wort noch nie in seinem Leben gehört. Verzweifeln Sie nicht: Die nächsten Wochen und Monate sind möglicherweise nicht die schönste Zeit in Ihrem Leben, aber schließlich wächst man mit seinen Aufgaben. Und im Gegensatz zu manchen Menschen, die, wie ich festgestellt habe, nie über diesen Zustand hinauskommen, endet diese Phase bei Hunden zum Glück irgendwann wieder. Machen Sie also einfach mit Ihrem Erziehungsprogramm weiter, setzen Sie sich durch und erinnern Sie Ihren Vierbeiner immer wieder daran, dass das Wort »Sitz!« heute dasselbe bedeutet wie gestern – und dass es morgen auch noch dasselbe bedeuten wird. Bleiben Sie geduldig. Ihr Hund kann nichts dafür: In seinem Kopf ist eine riesige Baustelle. Und Sie müssen die Löcher im Asphalt eben wieder zuschütten.

## 9.–18. MONAT: LANGSAM ERWACHSEN

Je nachdem, welcher Rasse Ihr Hund angehört, wird er nun langsam erwachsen. Die kleinen Rassen sind schneller so weit als große oder sehr große Hunde. Die können wie Hovawart, Deutsche Dogge, Irischer Wolfshund, Bordeaux Dogge oder Barsoi ausgesprochene Spätentwickler sein, sodass das Erwachsenwerden bis zu 36 Monate dauert. Spätestens jetzt wird es an der Zeit, sich um die natürlichen Arbeitsfähigkeiten Ihres Hundes zu kümmern. Belegen Sie einen Fährtenkurs mit Ihrem Dackel, anstatt sich darauf herauszureden, Dackel seien eben nicht erziehbar. Melden Sie Ihren Collie, Australian Shepherd oder Border Collie zu einem Treibball-Kurs oder Agility an. Machen Sie mit Ihrem Schäferhund Obedience oder Zielobjektsuche. Starten Sie Trickdog-Training oder Dog-Dance mit Ihrem Papillon. Oder probieren Sie alles davon mit Ihrem Hund aus. Finden Sie heraus, was sein Hobby ist. Suchen Sie etwas, was ihm Ihre Bewunderung für seine herausragenden Fähigkeiten sichert.

Der Auslöser für die Anschaffung eines Hundes muss der Wille zu einer innigen Beziehung sein – dann überlebt man auch schwierigere Phasen wie Pubertät, Sturheit, Frechheit oder das sich Wälzen in unaussprechlichen Dingen.

Ich persönlich habe immer versucht, aus jedem meiner Hunde einen Zirkushund zu machen: Sie finden meine Handschuhe, wenn ich sie fallen lasse. Sie können auf »Peng!« mit dramatischen Gesten »sterben«. Sie hüpfen über und durch meine Beine, holen Taschentücher, wenn ich laut »Hatschi!« rufe, springen Seil und geben Pfote. Lauter wundervoll unnützes Zeug, das mich und andere immer wieder zum Lachen bringt und ihnen das Gefühl gibt, für gute Laune gesorgt zu haben. Und genau darum wollten Sie doch mal einen Hund, erinnern Sie sich?

# Welpenentwicklung:
## vom ersten Tag bis zum ersten Geburtstag

Hundewelpen machen innerhalb von zwölf Monaten eine Entwicklung durch, für die der Mensch im Vergleich fast sechzehn Jahre benötigt. Darum ist das erste Lebensjahr eines Hundes das wichtigste – und auch das mühsamste. Danach wird alles gewöhnlich viel einfacher.

**ENTWICKLUNG**

1. Woche

**NACH 3 WOCHEN**
Der Welpe **fängt wackelig an,** seine Umgebung zu erkunden und frisst auch schon breiiges **Hundefutter** neben der Muttermilch.

4. Woche

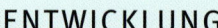

### 1. TAG
Der Welpe wird **taub und blind** geboren. Er kann bisher seine Körperwärme nicht regulieren.

## NACH 13 WOCHEN

Mit vierzehn Wochen ist der Welpe auf dem Weg, ein **Junghund** zu werden: Er kommt nun sozusagen in die »Oberschule«.

## NACH 7 WOCHEN

Der Welpe **will alles erkunden,** hat mit seinen Geschwistern geübt, wer der Stärkere ist und von Mama schon die ein- oder andere Ohrfeige bekommen. **Langweilig ist ihm nie,** Blödsinn macht er die ganze Zeit.

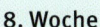

14. Woche

1 Jahr

8. Woche

## NACH EINEM JAHR

Mit einem Jahr ist ein kleinwüchsiger Hund **erwachsen,** ein großer Hund ist auf dem Weg dorthin. Seine »Art« lässt sich gut erkennen, er ist verständig, **kennt das Leben** ein bisschen und ist nervlich belastbar.

43

# DIE LETZTEN
# VORBEREITUNGEN

# Bevor Ihr Hund
# bei Ihnen einzieht

Bald ist es so weit: Sie können Ihr Hundekind zu sich nach Hause holen. Besorgen Sie schon jetzt alles, was Sie für die Ankunft des Welpen benötigen, und machen Sie Ihr Haus und Ihren Garten welpensicher.

Schlafen Sie noch ein paarmal lang aus, denn damit ist bald erst einmal für mindestens sechs, acht Monate Schluss. Junge Hunde sind wie kleine Kinder: Beim ersten Morgengrauen sind sie auf den Beinen und bereit, dem neuen Tag mit wachem Blick und viel Vergnügen zu begegnen.

## EIN HUNDESICHERES UMFELD

Genau wie kleine Kinder sind junge Hunde auch neugierig, untersuchen alles und nehmen alles in ihr kleines Maul. Sie können zwar nicht wie kleine Kinder ihre Finger in Steckdosen stecken, dafür können sie aber Kabel durchkauen. Schmieren Sie daher – auch später immer wieder – alle Elektrokabel mit Bitterspray oder Bitterpaste aus dem Fachhandel ein. Räumen Sie außerdem alle Reinigungsmittel und Medikamente außerhalb des Zugriffbereichs des Welpen. Wenn Sie einen Garten haben, gehen Sie sorgfältig durch ihn und sammeln Sie eventuell herumliegende Scherben oder Plastikstückchen auf. Verstauen Sie außerdem Dünger, Antifrostmittel (schmeckt süßlich!), Schneckenkorn und Gifte oder Köder gegen Ungeziefer welpensicher.

Noch mal nach drinnen: Kaufen Sie einen Mülleimer mit Schwing- oder Tretdeckel, den Ihr neuer vierbeiniger Hausgenosse weder umwerfen noch öffnen kann. Achten Sie darauf, dass im Arbeitszimmer keine Büroklammern, Pin-Nadeln, Nägel oder Schrauben auf dem Boden liegen. Und denken Sie sich irgendetwas für das Kinderzimmer aus: Es ist sehr schwer, einem Hund beizubringen, dass seine Spielsachen zwar okay sind, die Ihres Kindes aber nicht – obwohl sie praktisch identisch aussehen. Legosteine lassen sich leicht verschlucken, Playmobil-Figuren und Barbie-Puppen hervorragend ankauen … Nicht auszudenken, zu welchen Dramen die Dusseligkeit eines jungen Hundes in solchen Fällen führen kann. Ich würde daher für die ersten Monate vielleicht ein Kindergitter am Türstock des Kinderzimmers anbringen, das zwar Ihre Kinder öffnen und schließen können, der Welpe aber nicht.

## WAS SIE ALLES BRAUCHEN WERDEN – EINE EINKAUFSLISTE

Die Grundausstattung für das Leben mit einem Welpen sollten Sie bereits im Haus haben, bevor Ihr Hündchen bei Ihnen einzieht. Dann sind Sie für alles gewappnet.

- Erkundigen Sie sich, welches Futter der Züchter bisher verwendet hat. Und dann besorgen Sie sich genau diese Marke. Im Laufe der Zeit können Sie auf ein anderes Futter umstellen, aber nicht gleich zu Anfang: Das kleine Verdauungssystem ist noch sehr angreifbar.
- Ein rutschfester Futter- und Wassernapf.
- Kauartikel aus Büffelhaut dienen nicht nur der Zahnmassage, sondern auch der Beschäftigung und lenken den Welpen von Teppichfransen, Stuhlbeinen und Kinderspielsachen ab.
- Ein entsprechend kleines, verstellbares Nylonhalsband oder ein Geschirr sowie eine leichte, dünne, ausreichend stabile Leine von 2,5 bis 3 Meter Länge (je nach Größe des Hundes). Ich persönlich bevorzuge Fettleder-Leinen, weil die trotz Matsch, Feuchtigkeit oder Eis immer ansehnlich bleiben und sich nicht vollsaugen. Die richtig schönen (leider meist auch recht teuren) Halsbänder und Leinen lohnen sich übrigens erst, wenn das Hündchen nicht mehr alle zwei Tage gewaltige Wachstumsschübe macht (und auch erst dann, wenn es die Leinen nicht mehr auffrisst).
- Einen Anhänger für das Halsband, in den Sie Ihre Telefon- oder Handynummer gravieren lassen. Auch wenn Ihr Welpe selbstverständlich gechipt wird: Sollte er einmal verloren gehen, kann man ihn viel unkom-

plizierter und schneller zurückgeben, wenn er Ihre Nummer am Halsband trägt.

- Ein oder mehrere waschbare Hundebetten in denjenigen Zimmern, in denen Sie – und damit zwangsläufig auch Ihr Welpe – sich am meisten aufhalten: Küche, Wohnzimmer, Arbeitszimmer? Ihrem Hund ist völlig egal, ob das Bett in den Farben der Saison gehalten oder voll waschbar ist: Für ihn ist wichtig, dass es einen Rand hat, auf den er seinen Kopf aufstützen kann, dass es einigermaßen kuschelig ist (außer bei den Rassen, die sehr viel oder dichtes Fell haben wie Berner Sennenhund, Eurasier, Akita; denen wird leicht zu warm) und dass es in einer zugfreien Ecke steht, von der man das Geschehen bequem im Blick hat.
- Eine Hundebox (Hartschalen-Flugbox oder faltbare Softbox), die geräumig genug ist, dass Ihr Welpe darin circa drei Monate bequem schlafen kann.
- Spielsachen. Das Angebot in Fachgeschäften ist überwältigend. Suchen Sie es nach Größe aus. Der Renner sind Stofftiere, die knistern, quietschen und die man sich möglichst um die Ohren hauen kann, quietschende Latexspielzeuge (je nachdem, ob Ihre Nerven das aushalten können) und Bälle (nicht zu schwer, sonst kriegt Ihr Welpe einen Mordsschreck, wenn er den Ball auf die Nase oder an die Stirn bekommt).
- Eine Kekstasche, die Sie sich umschnallen oder am Gürtel festmachen können, um Ihren Hund im richtigen Moment entsprechend belohnen zu können. Natürlich können Sie diese Belohnungen auch in die Hosentasche stecken, aber alles, was richtig motivierend wirkt, müffelt ziemlich oder ist

fettig (Käse, Wiener-Stückchen). Spätestens dann, wenn Sie so ein Leckerli das erste Mal mitgewaschen haben, werden Sie sich schnurstracks auf die Suche nach einer solchen Tasche machen.

- Kamm und Bürste. Je nach Fell brauchen Sie einen Noppenhandschuh (kurzhaarige Hunde) oder eine Drahtbürste (stock- und langhaarige Hunde). Bei langhaarigen Hunden ist zusätzlich ein Kamm oder Entfilzungskamm nötig.
- Eine Hundezahnbürste und Zahnpasta (mit Hühnchengeschmack – kein Witz). Angenehmer als eine sperrige Zahnbürste sind antibakterielle »Zahnpflege-Fingerlinge«, die Sie einfach über den Zeigefinger ziehen und damit die Zahnbeläge abreiben (siehe Seite 94–95).

- Welpenshampoo. Hundehaut hat nämlich einen anderen pH-Wert als Menschenhaut und deshalb trocknet auch Ihr edles Luxusshampoo mit Pflanzenextrakten und hochwertigen Pflegekomponenten die empfindliche Welpenhaut aus. Mit dem geeigneten Hundeshampoo dagegen schadet ihr ein Bad überhaupt nicht und Sie werden sich spätestens dann über diese großartige Erfindung freuen, wenn Ihr Welpe das erste Mal Kontakt mit einer toten Feldmaus oder einem vor sieben Wochen verstorbenen Fisch am Rande eines Gewässers hatte. Schnauzen Sie ihn dafür nicht an: Für ihn ist dieser »Duft« mit einem edlen Parfum vergleichbar.

Diese Liste finden Sie auch zum Herunterladen auf: www.gu.de/welpen-praxisbuch.

## Gefahrenquellen

| Ort | Gefahrenquelle |
| --- | --- |
| Arbeitszimmer | Kabel, Büroklammern, Klebstoffe, Scheren, Nägel, Nadeln, Schrauben, Druckerpatronen |
| Küche und Bad | Reinigungsmittel, Messer, Scheren, Spülmaschinenmittel und Klarspüler, Tampons/Kondome |
| Wohn- und Schlafzimmer | Kabel, Zigaretten/Aschenbecher, Schokolade, brennende Kerzen, Weihnachtssterne (giftig!), Nylonstrümpfe |
| Kinderzimmer | Legosteine, kleinere Spielfiguren, Stofftiere mit Glasaugen, Puppen aus weichem Kunststoff, kleinteilige Spielsachen |
| Garten und Garage | Düngemittel, Insekten-, Ratten- und Mäusegift, Schneckenkorn, Ratten- oder Mausefallen, Angelhaken, Frostschutzmittel |

# DAS HUNDEKIND
## ZIEHT EIN

Jetzt ist es also so weit, Sie können Ihren Welpen endlich abholen. Sie werden sehen: Ihr Leben wird nie mehr sein wie vorher, sondern fröhlicher, aufregender und ein bisschen chaotischer.

# DIE ERSTEN WOCHEN IM
## NEUEN ZUHAUSE

# Vom Züchter nach Hause

Holen Sie den Welpen, wenn es sich irgendwie machen lässt, nicht alleine ab. Die meisten frischgebackenen Hundebesitzer neigen dazu, doch immer wieder einen Blick auf das kleine puschelige Ding zu werfen – dabei ist es beim Autofahren nicht ganz unwichtig, die Augen auf der Straße zu behalten.

## DIE GROSSE FAHRT

Sagen Sie dem Züchter oder der Pflegestelle, bei der Sie Ihren Welpen abholen, rechtzeitig vorher Bescheid, um wie viel Uhr Sie kommen werden, damit man den Welpen nicht vorher füttert: Den meisten Welpen wird bei der ersten Autofahrt schlecht, und es ist für alle Beteiligten angenehmer, wenn der Hund keinen vollen Bauch hat. Außerdem merken sich manche Hunde den Zusammenhang Autofahren – Übergeben so gut, dass sie sich monate-, manchmal sogar jahrelang übergeben, sobald sie länger als zehn Minuten Autofahren müssen.

Am besten nehmen Sie schon zum Abholen die Hundebox mit, in der Ihr Welpe in den nächsten Wochen und Monaten auch schlafen soll (siehe Seite 54–55). Legen Sie eine Decke hinein, auf die dann noch entweder eine dicke Lage Küchenkrepp kommt oder – mein »Saugstoff« der Wahl – eine Einweg-Wickel-Unterlage für Babys (aus dem Drogeriemarkt). Sollte der Welpe während der Fahrt aufs Klo müssen oder sich übergeben, können Sie die Unterlage zusammenfalten und einfach entfernen, eine neue in die Box legen und der Welpe hockt gleich wieder im Trockenen. Es riecht nicht und so kommt der Hund auch hinterher nicht auf die Idee, die Box sei eine Art Hunde-Dixieklo.

Egal, woher Ihr Welpe stammt: Vergessen Sie nicht, sich den Impfpass, den Kauf- oder Schutzvertrag und gegebenenfalls die Papiere mit nach Hause geben zu lassen.

## ENDLICH ANGEKOMMEN

Fahren Sie anschließend ohne Umwege nach Hause. Dort angekommen, bringen Sie den Welpen erst einmal in den Garten, den Hinterhof oder auf den Grünstreifen vor dem Haus – eben dorthin, wo Sie ihn in den nächsten Wochen immer und immer wieder

Ist da wer? Für den kleinen Beagle-Welpen ist alles neu und verwirrend. Er muss Ihr Zuhause schließlich erst noch kennenlernen.

hinsetzen werden, damit er sein Geschäft verrichtet. Wenn Sie richtig superschlau sind und derlei nicht vergessen, haben Sie beim Züchter mit einer der Wickelunterlagen etwas Hundepipi abgetupft. Wenn Sie dem Welpen diese Wickelunterlage jetzt dort hinlegen, wo er aufs Klo gehen soll, kommt er schneller auf die Idee, was Sie in diesem kalten, fremden Umfeld voller Ablenkungen überhaupt von ihm wollen. Wenn er tatsächlich gepieselt hat, loben Sie ihn überschwänglich, nehmen ihn auf den Arm und marschieren auf direktem Weg in Ihre Wohnung.

Halten Sie die Willkommensparty möglichst klein – Ihr Welpe hat gerade so einiges hinter sich: Zum ersten Mal weg von Mutter und Geschwistern, mit lauter fremden Menschen in einem fremden Umfeld, das völlig unbekannt riecht … Na danke. Die meisten von uns würden wahrscheinlich erst einmal Depressionen bekommen. Erklären Sie Ihren Kindern daher vorher, dass sie sich nicht zu prügeln brauchen, wer den kleinen Hund als Erstes auf den Arm nehmen darf. Er bleibt ja da. In den nächsten 10, 15 Jahren wird jeder zu seiner Kuschelstunde kommen, versprochen. Statt lautem »Hallo« gehen Sie mit dem Welpen in die Küche, setzen ihn auf den Boden, stellen seine Box dazu (die kennt er ja schon von der Fahrt) und machen sich einen Tee. Der Hund wird seinen Wassernapf schon finden und seinen Futternapf ebenso.

## Große neue Welt

Halten Sie seine Welt anfangs so klein wie möglich. Er muss jetzt noch nicht alle Stockwerke, alle Besenkammern und Gästezimmer erforschen. Im Gegenteil: Er soll jetzt erst

Halten Sie die Welt Ihres Welpen anfangs klein, bis er sich sicherer fühlt. Auch eher »stürmische« Rassen wie der Jack Russell Terrier brauchen Zeit, um sich an die Veränderungen, die der Umzug zu Ihnen mit sich bringt, zu gewöhnen.

einmal ein, zwei Räume kennenlernen und den Weg nach draußen finden. (Wenn Sie eine große Terrassentür haben, sind Sie übrigens eindeutig im Vorteil: Ihr Hündchen kann dann das Grün, in dem er gerne aufs Klo gehen würde, nämlich sehen. Das erleichtert es ihm ungemein, sich vor die Tür zu setzen und entsprechende Signale zu geben). Beobachten Sie Ihren Welpen genau, um seine Zeichen nicht zu verpassen: Sobald er sehr intensiv auf dem Boden herumschnüffelt, einen kleinen Buckel macht und immer enger werdende Kreise zieht, nehmen Sie ihn hoch und tragen ihn an die Klostelle. Dort bleiben Sie mit ihm, bis er sein Geschäft gemacht hat.

Anfangs können Sie seine »Ich-muss-mal-aufs-Klo-Signale« vielleicht noch nicht richtig lesen – je kürzere Beine das Hündchen hat, desto schwieriger ist es auch zu erkennen, ob er sich gerade hinhocken möchte. Aber das lernen Sie schnell.

# Box-Training

Eine Hundebox ist kein Gefängnis, keine Strafzelle und kein Dauerzustand. Sie ist ein fabelhaftes Hilfsmittel in der Stubenreinheits-Erziehung und – solange sie richtig und vernünftig verwendet wird – ein sicherer Rückzugsort für Ihren Welpen.

Eine Hundebox ist zudem ein »Appartment to go«, wenn Sie mit dem Hund verreisen und er sich zum Beispiel in einem fremden Hotelzimmer zu Hause fühlen soll. Und natürlich ist sie großartig, um den Welpen sicher im Auto zu transportieren. Hundeboxen werden allerdings zu einem Problem, wenn man sie als Strafzelle einsetzt und den Hund darin einsperrt, wenn er etwas falsch gemacht hat. Die Box ist auch kein geeigneter Unterbringungsort, solange Sie bei der Arbeit sind. Ihr Hund muss ja völlig verrückt werden, wenn Sie ihn für acht Stunden isoliert in einen kleinen Käfig sperren. Überlegen Sie mal: Wie würde es Ihnen in so einem Fall denn gehen?

Ich selbst nutze die Box, damit meine Welpen, wenn sie neben meinem Bett schlafen, nicht unbemerkt ihren Platz verlassen können. In der Box müssen sie sich bemerkbar machen, wenn sie nachts aufs Klo müssen, und können nicht unbehelligt und gemütlich in irgendeiner Schlafzimmerecke ihr Geschäft verrichten. Die Box bleibt gewöhnlich im Schlafzimmer (dessen Tür immer offen steht) und alle meine Welpen haben sie als einen ruhigen, sicheren Rückzugsort genutzt und

sich abends dort selbst ins Bett gebracht. So eine gemütliche Schlafhöhle hat eben durchaus etwas für sich.

## Vorteile der Box

Die Hundebox ...
- ist eine wertvolle Hilfe bei der Erziehung zur Stubenreinheit.
- ist Sicherheitszone für den Welpen, in der er vor aufgeregten, wilden oder unvorsichtigen Kindern geschützt ist.
- bringt Sicherheit während des Autofahrens.
- ist ein vertrauter, schützender Ort, zum Beispiel im Hotel.
- ist »Parkhaus«, wenn Ihr Welpe in der Hundeschule ausruhen oder auf die nächste Stunde warten soll.
- kann helfen, überdrehte Welpen zur Ruhe zu bekommen.

Kein Gefängnis, sondern ein Rückzugsort, ein Separee: Die Hundebox ist ein sicherer Schlafplatz und unverzichtbar in der Stubenreinheits-Erziehung. Gewöhnen Sie Ihren Welpen daher von Anfang an daran, damit er sich wohlfühlt.

Manchmal verwende ich die Box auch, wenn ich den Welpen schnell »parken« muss, weil gleichzeitig der Heizungsmonteur, der Mann von den Stadtwerken, der Paketdienst und heulende Kleinkinder vor meiner Tür stehen. Auch wenn sich Ihr Welpe in der Hundeschule ausruhen soll oder Sie zwischen zwei Unterrichtseinheiten auf die nächste Stunde warten, leistet die Box gute Dienste.

Um den Welpen an seine Box zu gewöhnen, stellen Sie sie ins Wohnzimmer oder in die Küche (oder dorthin, wo Sie sich am meisten aufhalten) und legen lauter interessante Dinge und Spielsachen hinein. Jedesmal, wenn Sie Ihrem Hund einen Keks oder Kauknochen geben wollen, geben Sie ihm diesen in der Box. Sobald er darin liegen bleibt, um das Ding zu zerkauen, machen Sie für 30 Sekunden die Tür zu. Öffnen Sie sie wieder und loben Sie den Welpen. Dann wiederholen Sie das Spiel, wieder für 30 Sekunden: Keks rein, kauen lassen, Tür zu, Tür wieder aufmachen.

Nachts ist das Ganze nicht nötig. Der Welpe ist wahrscheinlich sowieso so todmüde, dass er gar nicht groß protestiert. Außerdem liegen Sie ja direkt neben ihm und können Ihre Hand zu ihm in die Box stecken. Tagsüber ist das anders: Eigentlich will er jetzt ja »Sachen machen« und nicht ruhig in der Box sitzen. Deshalb müssen Sie mehr üben und loben. Legen Sie dafür zum Beispiel ein Futterspielzeug in die Box, in das Sie ein bisschen Frischkäse geschmiert oder winzig kleine Leckereien gesteckt haben, die er nur mit Mühe wieder herausbekommt.

Im Laufe der nächsten Tage verlängern Sie die »Tür-zu-Phasen« immer ein wenig mehr. Wenn der Welpe jammert und Theater macht, lassen Sie die Tür so lange geschlossen, bis er ruhig ist. Sonst denkt er am Ende noch, er würde für sein Gejammer belohnt. Sobald er sich hinsetzt oder -legt und ruhig ist, machen Sie die Tür wieder auf. So ein braves Hündchen!

# Anderer Hund oder Katze im Haus?

Damit Freundschaften fürs Leben entstehen können, müssen Sie Ihren bereits vorhandenen tierischen Mitbewohnern den Neuzugang mit viel Diplomatie und Fingerspitzengefühl sympathisch machen.

Hunde können wunderbar Freundschaft miteinander schließen. Das muss aber nicht sein. Schließlich sind auch Hunde Individuen, und manchmal lässt sich nicht vorhersagen, wie der »Alte« auf den Neuankömmling reagiert. Er hat weder um einen Kameraden gebeten, noch hat er ihn sich selbst ausgesucht (was ja auch praktisch unmöglich ist).

Wenn Sie eine Katze haben, die bisher die Königin Ihres Haushalts war, könnte es schwierig werden, ihr den neuen Welpen als eine super Sache zu »verkaufen«. Kater sind gewöhnlich deutlich weniger territorial und lassen sich deshalb schon mal einen jungen Hund unterjubeln, ohne gleich die Sachen zu packen und zum Nachbarn auszuwandern. Katzen machen es Ihnen möglicherweise nicht so einfach.

Als wäre das Leben nicht schon aufregend genug, muss sich der Neuankömmling oft auch noch mit dem »Stammpersonal« auseinandersetzen.

## ANDERE HUNDE

Natürlich wissen Sie, dass Ihr »alter« Hund Artgenossen gegenüber grundsätzlich freundlich, fröhlich und aufgeschlossen ist. Sonst hätten Sie sich ja nicht entschieden, sich einen weiteren Hund anzuschaffen. Denn wenn Ihr Hund schon bewiesen hat, dass er mit anderen Hunden eher Probleme hat, macht es wenig Sinn, den Konfliktauslöser ins Haus zu holen. Das wäre auch unfair dem neuen Welpen gegenüber.

Stellen Sie die Hunde einander ganz ruhig und unter Aufsicht vor. Welpen sind hinreißend und jeder schenkt ihnen seine ganze Aufmerksamkeit. Sie brauchen ja auch mehr davon, weil sie öfter gefüttert werden müssen und andauernd nach draußen müssen. Bleiben Sie trotzdem auf dem Teppich, wenn Ihr neuer Hund ankommt. Zeigen Sie Ihrem älteren Vierbeiner, dass er immer noch der wichtigste, tollste Hund ist, den Sie kennen, und dass er keineswegs von dem neuen kleinen Ding ersetzt werden soll. Behandeln Sie, soweit es geht, beide Hunde gleich. Bevorzugen Sie eher Ihren älteren Hund, denn er hat die älteren Rechte, ist bereits erwachsen und muss ernster genommen werden. Loben Sie ihn überschwänglich, wenn er ruhig und souverän mit dem Welpen umgeht.

### Jedem das Seine

Die meisten Hunde passen zu Anfang sehr gut auf ihre Ressourcen auf – dazu gehören ihre Futterschüsseln, ihre Spielsachen, ihre Menschen, ihr Schlafplatz. Achten Sie darauf, dass die Hunde sich über diese Dinge nicht in die Haare bekommen: Jeder Hund bekommt seine eigenen Näpfe, Spielsachen und Kissen.

Nicht jeder erwachsene Hund ist gleich begeistert von einem neuen Welpen. Schließlich sind die Jungen oft »grenzenlos« frech.

Die Siamkatze ist ganz offensichtlich nicht besonders angetan von dem neugierigen Familienneuzugang.

Wenn das ältere Tier dem Welpen anfangs jedes Mal die Spielsachen wegnimmt, lassen Sie ihn: Er muss dem dahergelaufenen Piefke ja erst einmal zeigen, wer hier eigentlich das Sagen hat. Verbringen Sie mit jedem Hund Einzelzeit und spielen Sie dabei mit den jeweils eigenen Spielsachen. Machen Sie sich keine Sorgen, wenn der ältere Hund den Welpen zunächst total blöd findet. Das kann noch kommen. In meiner Hundegruppe zum Beispiel liebt mein sehr zartes Windspiel Harry alle Welpen, solange sie noch winzig klein sind. Sobald sie 16, 17 Wochen alt sind, würde er sie am liebsten mit einem Bindfaden an der nächsten Raststätte anbinden. Genau das ist der Zeitpunkt, an dem meine Silken-Windsprite-Hündin Gretel findet, dass man mit den kleinen Dingern endlich etwas anfangen kann. Mein Windspiel Fritz mischt sich erst ein, wenn die Hundekinder etwa sechs Monate alt sind (vorher übersieht er sie einfach). Und meine Großpudelin Luise will mit jungen Hunden überhaupt erst etwas zu tun haben, sobald sie sieben, acht Monate alt sind. Vorher kümmert sie sich um das kleine Gemüse einfach ü-ber-haupt nicht. Sie sieht sie nicht einmal an und versucht allenfalls, ihnen ihr Essen wegzufressen.

Solange Ihr älterer Hund also nicht versucht, den Nachkömmling ernsthaft zu verletzen, brauchen Sie sich keine Sorgen zu machen. Wenn er das allerdings wirklich probiert (und nicht einfach schnappt oder seine Zähne zeigt, weil der Kleine nervt – woraufhin der Welpe so schreien wird, als müsse man ihm mindestens einen Fuß amputieren), müssen Sie möglicherweise eine andere Lösung für den Welpen finden.

Solange er sich nicht breiter macht, kann Madame La Chat sich möglicherweise mit dem komischen Ding abfinden. Es gilt aber, den Welpen im Auge zu behalten. Man weiß ja nie.

## ICH WAR ERSTER: KATZE ZU HAUSE?

Bei Katzen könnte es schwieriger werden, ihnen den jungen Hund »schmackhaft« zu machen. Es gibt aber einen chemischen Trick in Form von Pheromonen. Pheromone sind die Beruhigungsstoffe, die die Katzenmutter beim Säugen ausscheidet. Diese Pheromone kann man beim Tierarzt oder in der Apotheke käuflich erwerben (mit einem Zerstäuber, den man in die Steckdose steckt). Auf diese Weise werden die Pheromone auf ungefähr 60 Quadratmeter gleichmäßig abgegeben. Meinen Katern hat das immer sehr geholfen, wenn ich mit ihnen umgezogen oder verreist bin oder ihnen den zigsten jungen Hund vor die Nase gesetzt habe (auch wenn die Kater im Laufe ihres Lebens wirklich einiges gewohnt waren).

Falls Ihre Katze Katzenminze mag, sprühen Sie Ihren Welpen von oben bis unten mit Katzenminze-Spray ein. Und falls Sie das nicht bekommen können, reiben Sie ihn mit getrockneter Katzenminze ein.

Lassen Sie die Katze zuerst einmal in einem anderen Raum an Ihren nach dem Welpen riechenden Händen schnuppern. Wenn die Katze sich entschließt, den Welpen zu begutachten, sorgen Sie dafür, dass sie eine Flucht-

> Kater sind gewöhnlich deutlich weniger territorial als Katzen und lassen sich schon mal einen jungen Hund »unterjubeln«.

möglichkeit hat. Bleiben Sie unter allen Umständen dabei, damit der Welpe nicht aus lauter Höflichkeit zur Begrüßung auf die Katze zuhopst und gleich von Mme La Chat eine entsetzliche Ohrfeige bekommt: Das könnte Ihre diplomatischen Bemühungen empfindlich stören. Meistens gewöhnen sich alle Beteiligten nach einer Woche aneinander, und wenn sie sich später vielleicht auch nicht innig lieben, so werden sie sich hoffentlich doch wenigstens auf gepflegte Art und Weise ignorieren lernen.

# Die erste gemeinsame Nacht

Das erste Mal ist immer irgendwie durcheinander und unentspannt. Sie werden auch nicht wirklich viel Schlaf bekommen. Ich verspreche aber: Es wird besser. Man entwickelt Routine und gewisse Rituale – und dann kommt auch der Schlaf von alleine.

Ihr Welpe verbringt das erste Mal in seinem Leben eine Nacht nicht an seine Geschwister gekuschelt, sondern in einer völlig fremden Welt. Alles riecht anders, alle Geräusche sind neu … Und auch wenn er Sie vorhin eigentlich ziemlich nett fand: Jetzt, wo er müde ist und so im Halbdunkel erscheinen Sie ihm irgendwie ganz schön fremd. Lassen Sie ihn daher in den ersten Nächten und Wochen in seiner Box neben Ihrem Bett schlafen (bei mir schlafen die neuen Hunde rund drei Monate lang neben dem Bett, bis sie zu den anderen in den Flur »ausgelagert« werden). Wenn er jammern sollte, können Sie Ihre Hand zu ihm hineinstecken, er kann Sie hören und Sie können ihn beruhigen. Am besten legen Sie ihm noch ein (von Ihnen) getragenes T-Shirt in die Box.

Lassen Sie den Welpen kurz vor Bettgehzeit noch einmal aufs Klo gehen. Auch wenn er nachts in der Box deutlich unruhig wird, bringen Sie ihn nach draußen an seine Stelle (angeleint, damit er nicht auf die Idee kommt, jetzt sei Zeit für ein kleines Verfolgungsspiel).

Danach geht es direkt wieder ins Bett beziehungsweise in die Schlafbox.

Sie werden anfangs ein bisschen verwirrt sein, was die Geräusche Ihres Welpen bedeuten. Wann er einfach nur ein bisschen mault, was Sie ignorieren sollten, wann er jammert, weil er aufs Klo muss, was Sie nicht ignorieren sollten … Aber das gehört dazu, jungen Eltern geht es nicht anders. Wenn der Hund Sie in den kommenden Nächten regelmäßig weckt, weil er dringend muss, geben Sie ihm seine letzte Mahlzeit eine Stunde früher.

Keine Frage, ein Hund im Bett ist ziemlich gemütlich. Und der Welpe schläft auch besser durch. Aber: Wenn Sie ihn sich jetzt ins Bett holen, bekommen Sie ihn die nächsten Jahre nicht mehr heraus. Überlegen Sie sich gut, was das bedeutet (einer mehr im Bett). Außerdem bleibt kaum ein Hund so klein und bescheiden. Alle, die ich kenne, wurden im Bett zu riesigen Dinosauriern, lagen irgendwann mit dem Kopf auf dem Kissen und traten einem beim Umdrehen in den Magen. Kann man mögen, muss man aber nicht.

» Vor nicht allzu langer Zeit erschreckte ich meine Nachbarn zu Tode, weil ich zu nachtschlafender Zeit wie ein Schlossgespenst im Bademantel in meinem Garten herumstand. Anschließend hockte ich morgens um halb sechs in meinem Wohnzimmer und spielte Ball. Oder schleuderte kleine quietschende Stofftiere herum. Der Grund dafür war nicht senile Bettflucht, sondern ein elf Wochen alter Welpe namens Gretel. Mit elf Wochen bestehen junge Hunde vor allem aus sehr viel Flüssigkeit, weshalb ich Gretel zu allen Tages- und Nachtzeiten nach draußen schleppte und sie für nobelpreiswürdig hielt, wenn sie wirklich draußen und nicht auf meinen weichen Teppich pieselte.

Gretel lernte schnell. Sie war in der Tat so schlau, dass man sie sofort in Harvard hätte einschreiben sollen (leider akzeptiert Harvard Hunde nur, wenn die Besitzer extrem reich sind). Sie hatte schon gelernt, dass nächtliches Kläffen im Garten dazu führte, dass ich hinter ihr her rannte, um sie vom Bellen abzuhalten. Den gleichen Effekt erreichte sie, wenn sie vor Gästen mit meiner Unterwäsche durch die Wohnung rannte.

Als echter Streber stand sie nicht nur früh auf, sie war auch nachtaktiv: Trug ich sie nachts in den Garten, war sie im Gegensatz zu mir sofort unglaublich wach und tobte wie ein übergeschnappter Troll durchs raschelnde Laub, das ich dringend (tagsüber) harken und einsammeln hätte sollen, wenn ich nicht so müde gewesen wäre. Während der Garten im Mondlicht frostig schimmerte, hopste Gretel begeistert durchs Laub, und hielt nur manchmal inne, um auszuprobieren, ob es eine gute Idee war, halb gefrorene Igelexkremente zu fressen (Antwort: nein). Im Haus bekam sie noch ein viel besseres Echo auf ihr Bellen: Sofort kamen die anderen Hunde angerannt, weil ganz offensichtlich irgendetwas nicht stimmte. Schließlich ist Bellen ein wesentliches Kommunikationsmittel für Hunde, mithilfe dessen sie wichtige Botschaften austauschen. Es war nicht Gretels Schuld, dass der Inhalt ihrer Botschaft bisher nur ›Wau‹ lautete.

Wenn ich sie zurück in ihre weiche Schlafbox neben meinem Bett trug, jammerte sie lange und laut herum, bis sie endlich einschlief. Spätestens dann war ich völlig wach. Sobald ich allerdings das Licht anknipste, um mich in den Schlaf zu lesen, dachte Gretel, es sei an der Zeit zu spielen …

Meine anderen Hunde beteiligten sich übrigens kaum an der Erziehung des jungen Dings. Sie fanden offenbar, ich sollte meine Suppe selbst auslöffeln. Vielleicht waren sie aber auch einfach nur zu müde. «

# Welpenalltag – Routine ist alles

Das Wichtigste im Leben mit einem jungen Hund ist, von Anfang an eine ziemlich straffe Routine zu entwickeln. Routine gibt Sicherheit. Sie ist etwas, worauf der Welpe sich verlassen kann (und Sie auch). Und das macht das Leben leichter.

Dank fester Rituale läuft das Leben mit einem Welpen von Anfang an ruhig, weil in bekannten Bahnen. So wie Vorlesen am Abend Kindern beim Einschlafen hilft, wissen zum Beispiel meine Hunde, dass nach dem Frühstück für ein paar Stunden erst einmal absolut gar nichts passiert, weil ich am Schreibtisch sitze. Keiner von ihnen kommt vormittags auf die Idee, mich zu einem Ballspiel oder einem Spaziergang aufzufordern. Morgens ist bei uns absolute Hunderuhe. Und die muss ich gar nicht einfordern, meine Tiere kennen es nicht anders.

Halten Sie sich also von Anfang an an feste Regeln. Denn alles, was der Welpe wiedererkennt, macht ihn selbstsicher. Außerdem erlaubt es Ihnen, trotz jungem Hund Ihren Tag einigermaßen so weiterführen zu können, wie Sie es bisher getan haben.

Wenn der Welpe (hier ein Kooikerhondje) schlafen will, lassen Sie ihn schlafen. Er muss schließlich soooo viel verarbeiten.

Wo sind denn alle? Eine kleine Wiese kann einem noch kleineren Nova-Scotia-Duck-Tolling-Retriever-Welpen sehr, sehr groß erscheinen. Sprechen Sie ihn fröhlich an, um ihm Sicherheit zu geben.

## DER »WELPEN-TAGESPLAN«

- Gleich nach dem Aufwachen (also ungefähr um 6.30–7 Uhr) ab nach draußen aufs Klo. Natürlich können Sie jetzt auch draußen mit ihm spielen.
- Füttern gleich nach Ihrer Rückkehr (zum Beispiel 7.30 Uhr).
- Fünfzehn Minuten später muss das Hündchen noch mal nach draußen aufs Klo.
- Danach wird gespielt, und dann wieder ein bisschen geschlafen (Sie auch, wenn Sie mögen, je nachdem, wie Ihre Nacht war).
- Ein acht Wochen alter Welpe muss alle ein- bis zwei Stunden nach draußen, wenn er wach ist, und jedes Mal, wenn er aufwacht. Mit zwölf Wochen ist die Blase gewöhnlich groß genug, um zwei bis drei Stunden aushalten zu können.
- Zweite Fütterung gegen 12 Uhr.
- Circa eine Viertelstunde später: es geht wieder raus aufs Klo.

- Danach wieder spielen und schlafen.
- Nach dem Aufwachen heißt es dann wieder: ab nach draußen.
- Dann wieder Spielen und Schlafen.
- Gegen 17 Uhr die dritte und letzte Mahlzeit des Tages, eine Viertelstunde später wieder nach draußen, ein bisschen draußen spielen, nachdem er auf dem Klo war.
- Bis Sie ins Bett gehen, muss er wieder circa alle ein bis zwei Stunden nach draußen.
- Geben Sie ihm nach der letzten Mahlzeit nichts mehr zu fressen: Je leerer sein Magen, desto entspannter sein Darm, desto ungestörter die Nacht.

Ich weiß, dass das so klingt, als würden Sie den ganzen Tag raus und rein rennen – und so ist es ehrlich gesagt auch. Aber dafür haben Sie bald Pomuskeln aus Stahl vom ganzen Raus- und Reinrennen. Und einen sehr gesunden Teint. Und es wird ja auch bald wieder besser, versprochen.

Wer Ohren hat zum Hören, der höre. Sie brauchen gar nicht laut rufen, denn Hunde hören so viel besser als wir. Auch bei Knick im Ohr wie bei diesem Silken-Windsprite-Welpen.

## WIE HEISSE ICH NOCH MAL?

Komischerweise glauben die meisten Leute, ihr Hund würde irgendwie schon selbst merken, wie er heißt. Dem ist nicht so. Ich bin immer wieder erstaunt, wie wenige Hunde sich angesprochen fühlen, wenn man sie ruft. Häufig liegt dies daran, dass wir ihnen so viele verschiedene Namen geben. Meine braune Pudelhündin Ida, die mittlerweile nicht mehr lebt, war eineinhalb Jahre lang davon überzeugt, ihr vollständiger Name laute »Ida, lass das!« – Sie ahnen warum.

Wenn Sie mehr als einen Hund haben oder einen Hund und Kinder, ist es ganz besonders wichtig, dass Ihr Hündchen sich möglichst bald und im richtigen Moment angesprochen fühlt. Das Geheimnis dabei ist, dem Welpen umgehend beizubringen, dass im Zusammenhang mit diesem einen bestimmten Wort (sei es nun »Ida«, »Gretel« oder meinetwegen auch »Prinz Rudolf Hertenberg Gratzheim von Darndorf Putzelhorst«) wundervolle Dinge passieren: Auf dieses Zauberwort hin rieselt es Kekse, Aufmerksamkeit, Spiel, Spaß und Abenteuer …

Sprechen Sie den Hund in begeistertem Tonfall mit seinem Namen an. Aufgrund Ihres Hurra-Tons wird er Sie ansehen. Geben Sie ihm dann sofort einen Keks. Gehen Sie ein bisschen auf und ab und sagen Sie dabei seinen Namen (ungefähr in dem Ton, in dem Sie Hühner rufen würden – auch wenn Sie das noch nie gemacht haben. Es geht darum, die volle Aufmerksamkeit Ihres Hündchens zu bekommen – egal, ob der Rest der Welt denkt, Sie hätten nicht mehr alle Tassen im Schrank). Wenn Sie ihn dabei beobachten, wie er gerade irgendetwas Interessantes macht, einen Kauknochen schüttelt, einen Schmetterling jagt oder ein hübsches Loch im Garten gräbt, rufen Sie ihn wieder mit Hurra-Stimme beim Namen (»Fifi, komm!«). Sobald er zu Ihnen kommt, bekommt er wieder einen phänomenalen Keks. Wenn er Ihnen keine Aufmerksamkeit schenkt, lenken Sie diese aktiv auf sich, indem Sie klatschen, irgendetwas fallen lassen oder ein komisches Geräusch machen. Gleich darauf folgt dann wieder sein Name. Sobald er Sie ansieht, sagen Sie noch einmal: »Fifi, komm!«. Loben und belohnen Sie ihn, sobald er bei Ihnen ist. Wenn das klappt, werden Sie anspruchsvoller. Sagen Sie den Namen Ihres Welpen einmal und laufen Sie los! Wenn Ihr Hündchen hinter Ihnen her kommt, geben Sie ihm einen Keks (füttern Sie Ihren Welpen schön tief, damit er nicht auf die Idee kommt, Sie anzuspringen!). Machen Sie das Namens-Spiel bei Ablenkungen (bellende Hunde im Fernseher, auf der Terrasse, wenn eine andere Person herumläuft): Sobald Ihr Hund bei Ihnen angekommen ist, loben Sie ihn und geben ihm einen Keks. So wird Ihr Welpe seinen Namen im Nullkommanix lernen – und auch nie wieder vergessen. Wetten?

Lange Spaziergänge belasten Knochen und Gelenke, nicht nur bei jungen Französischen Bulldoggen. Lange spielen ist dagegen okay.

## SPAZIERGÄNGE

Schonen Sie Ihren Welpen in den ersten Wochen. Machen Sie keine langen Spaziergänge mit ihm: Die kommen früh genug auf Sie zu und vorläufig sollten Sie seine Knochen und Nerven noch schonen. Als Faustregel gilt: Eine Minute Spaziergang pro Lebenswoche tatsächliches Gehen. Führen Sie ihn zum Lösen die Straße auf und ab, spielen Sie viel mit ihm im Garten (sofern Sie einen haben). Wenn Sie keinen haben, suchen Sie sich im nächsten Park eine abgelegene Wiese (nicht die Haupt-Hundewiese mit zahllosen Hunden in unterschiedlichen Größen!) und spielen Sie dort mit ihm. Ihr Welpe muss jetzt

Egal, wie sperrig es ist: Woher soll man wissen, ob etwas essbar ist, wenn man es nicht mal probiert? (Dalmatiner)

noch nicht mit großen Gruppen fremder Hunde konfrontiert werden, er soll sich erst einmal auf Sie konzentrieren. Halten Sie seine Welt klein und überschaubar. Eine Ausnahme: Wenn Sie Bekannte mit einem jungen oder idealerweise gleichaltrigen Hund haben, laden Sie diese ein, sooft Sie können. Nach zwei, drei Wochen (Sie können selbst am besten entscheiden, wann Ihr Welpe bereit für mehr Action ist) können Sie Ihre Spaziergänge dann ausweiten und um den Block gehen.

## ICH KAUE, ALSO BIN ICH

Die meisten Welpen nagen alles an, was ihnen vor ihr kleines Maul kommt – Stuhlbeine, Schuhe, Socken, CDs, Fernbedienungen, Kabel, Kugelschreiber (oder sehr teure Füller – fragen Sie mal meine Hunde, welche Marke am besten schmeckt). Ihr Hündchen wird bestimmt noch ein paar ganz individuelle Geschmacksrichtungen entdecken.

Dabei ist das Nagen an sich kein Problem im eigentlichen Sinne. Ob es uns gefällt oder nicht: Es ist normales Welpenverhalten. Welpen nehmen wie kleine Kinder alles in den Mund, um es besser kennenzulernen. Außerdem müssen diese kleinen scharfen Welpenzähne ja für irgendetwas gut sein, oder? Etwas später juckt dann das Zahnfleisch, weil die Milchzähne ausfallen und die erwachsenen Zähne nachwachsen. Und selbst erwachsene Hunde neigen hin und wieder dazu, Dinge anzukauen, um die Hummeln in ihrem Hintern loszuwerden.

Es liegt ganz allein an Ihnen, welche Kauartikel Ihr Hündchen erwischt: Räumen Sie Ihre Sachen weg und sorgen Sie dafür, dass Ihr

Welpe genügend eigene Spielsachen und Kauknochen finden kann, an die er gehen darf. Wenn er an einem Stuhlbein nagt, sagen Sie mit fester Stimme »Nein!«, schieben ihn vom Stuhl weg und überreichen ihm stattdessen einen Kauknochen oder ein Spielzeug. Gefahr erkannt, Gefahr gebannt.

### Wenn die Zähne jucken

Im Alter von fünf bis sieben Monaten verliert ein Welpe sein Milchgebiss und die »erwachsenen« Zähne schieben nach. In dieser Zeit sollten Sie ganz besonders darauf achten, attraktive Kauspielsachen, Kauknochen und -stangen parat zu haben. Ebenfalls sehr gerne angenommen werden kalte Babymöhrchen und nasse, ausgewrungene Frotteewaschlappen, die Sie vorher für ein paar Stunden im Tiefkühlfach eingefroren haben. Das Kalte lindert Juckreiz, Druckgefühle und Zahnfleischschmerzen. Und das bedeutet: Weniger Gefahr für Ihre Sachen.

## SOZIALISIERUNG HÖRT NIE AUF

Eines der wichtigsten Dinge, die Sie (und nicht nur der Züchter oder die Person, die Ihren Welpen großgezogen hat) Ihrem Welpen mitgeben müssen, damit er ein sicherer, freundlicher und selbstbewusster Hund wird, ist eine vernünftige Sozialisierung. Es bedeutet, Ihren Welpen möglichst viele verschiedene Eindrücke auf positive Weise kennenlernen zu lassen, damit er gute Nerven und eine gewisse Lässigkeit gegenüber neuen Dingen und Umgebungen entwickelt. Wenn er gelernt hat, dass viele Leute auf einem Haufen nicht zum Fürchten sind, wird er sich auch später nicht vor Menschenansammlungen fürchten, nach dem Motto: Kennste einen, kennste alle. Überlegen Sie, was für ein Hund in Ihrem Leben wichtig sein wird: In den meisten Fällen müssen Hunde unterschiedliche Menschen akzeptieren – mit Hüten, mit (Nordic Walking-)Stöcken, mit Rollstühlen, kleine quietschende Kinder, Bahnhöfe, große Straßen, und je nach Umständen vielleicht auch Schafe, Katzen, Hühner oder Pferde. Ihr Welpe muss lernen, dass von all diesen Dingen und Lebewesen keine Gefahr ausgeht, sondern dass sie schlicht zum Leben dazugehören und keiner besonderen Aufmerksamkeit wert sind.

### Schlafen ist wichtig

Keine Sorgen, wenn Ihr Welpe sehr viel schläft. Er ist nicht schwach oder gar krank. Ruhe- und Schlafphasen sind für den Hund wichtig, um all die Dinge zu verarbeiten, die er erlebt und gelernt hat. Fünf bis sechs Schläfchen von dreißig bis sechzig Minuten sind nicht nur normal, sondern auch notwendig für seine Entwicklung. Nach dem Lernen braucht das Gehirn eine Pause, um die Inhalte zu verarbeiten. Lassen Sie Ihren Welpen also schlafen, wann und wo immer er sich eine Auszeit nehmen will.

### Hunde lernen ihr Leben lang

Bei Welpen, die vielen verschiedenen Eindrücken ausgesetzt werden, entwickelt sich die Gehirnstruktur anders. Sie können als erwachsene Hunde flexibler mit unbekannten Situationen und Dingen umgehen. Ein Welpe, der nichts oder nur sehr wenig erlebt hat, wird unsicher und ängstlich im Umgang mit fremden Menschen oder Hunden, kann kleine Kinder nicht einschätzen und fühlt sich von ihnen bedroht. Er bekommt richtig Stress, wenn er sein gewohntes Umfeld

### Schmusezeit

Ihr kleiner Hund soll sich bei Ihnen sicher und geborgen fühlen, Körperkontakt ist daher wichtig für das Vertrauen und eine stabile Bindung. Von seiner Mutter ist er es gewöhnt, am ganzen Körper beleckt zu werden. Geizen Sie also nicht mit Streicheleinheiten. Lassen Sie kein Körperteil aus, fahren Sie ihm mit dem Zeigefinger ins Mäulchen und massieren Sie ihm die Pfötchen. So lernt der Welpe ganz nebenbei, dass die Pflege der Pfoten, Ohren, Augen und der Schnauze etwas ganz Normales ist, über das man sich nicht aufregen muss.

verlassen muss, weil Sie zum Beispiel mit ihm in die Ferien fahren oder umziehen.

Hat der Züchter nicht besonders viel mit den Welpen gemacht, ist das zwar nicht optimal, lässt sich aber noch reparieren. Anders als bei Vögeln, deren »Prägung« nach einem bestimmten Alter für immer und ewig irreversibel abgeschlossen ist, ist die sogenannte Prägephase bei Hunden viel weniger starr. Ihre

Kleine Kuscheleinheiten können überdrehte Welpen wieder »runterbringen«. (Mini-Australian Shepherd)

Lassen Sie Ihren Hund die Welt erkunden. Achten Sie aber darauf, dass das grüne Knabberzeug keine Giftpflanze ist. (Dackel)

Sozialisierung hört nie auf, sondern ist ein lebenslanger Prozess.

Ich spreche aus Erfahrung: Einer meiner Hunde lebte die ersten vier Monate komplett abgeschottet. Dazu kam wohl auch eine genetische Veranlagung für Ängstlichkeit. Wenn er im Hof Kinder nur spielen und lachen hörte, machte er unter sich vor Angst. Es kostete mich über zwei Jahre, ihn zu einem ansatzweise normalen Hund zu machen. Mittlerweile ist er Therapiehund in einem Kindergarten und hält sich insgesamt für den König der Löwen. Er ist nicht mehr schwierig, nur noch kapriziös.

## Lassen Sie sich Zeit

Setzen Sie sich aber nicht unter Druck: Entgegen landläufiger Meinungen brauchen Sie in den ersten 16 Wochen mit dem Welpen nicht Busfahren, ins Einkaufszentrum (ich weiß sowieso nicht, was Hunde dort sollen), in Cafés und unterschiedliche Welpenpräge- und Spielgruppen, weil sonst ein für alle Mal der Zug der Sozialisierung abgefahren wäre. Solange Ihr Hündchen nicht isoliert und fern von normalen Geräuschen und Menschen aufwächst, können Sie all das entspannt im Laufe des ersten halben Jahres machen. Hundehalter sind heute häufig so verunsichert, dass sie ihren Welpen in den ersten Wochen mit so vielen neuen Reizen überfrachten, dass er die Eindrücke gar nicht mehr verdauen kann. Das Ergebnis sind gestresste, nervöse und hyperaktive Hunde. Lernen Sie Ihr Hündchen erst einmal kennen, bevor Sie seinen Fokus auf die Außenwelt verlegen: Es ist schon anstrengend genug, auf einmal mit so einem kleinen, fremdsprachigen Wesen zusammenzuleben, und sich auf einen ganz neuen Tagesablauf, eine neue Routine und eine neue kleine Persönlichkeit einzustellen. Als Erstes sollen Sie, Ihre Familie und Ihr neuer Hund im Mittelpunkt stehen. Ihr Welpe muss Sie kennenlernen und sich bei Ihnen sicher fühlen – Sie müssen eine Beziehung zueinander aufbauen. Wenn er sich bei Ihnen beschützt und behütet fühlt, wird er überhaupt kein Problem damit haben, wenn er erst viele Monate später im Hauptbahnhof oder am Frankfurter Flughafen jemanden mit Ihnen abholen soll.

## UMWELTREIZE ANBIETEN

Besonders engagierte Züchter / Vermittler sorgen bei ihren Welpen für zusätzliche Reizquellen. Sie hängen zum Beispiel Flatterbänder oder Glocken in den Welpenauslauf, stellen Schrägen, Rampen oder kleine Wippen auf, Wannen mit Wasser oder ein »Bällebad«, um die Geschicklichkeit und die Umweltsicherheit der Welpen zu fördern.

Die Lernfähigkeit von Welpen ist ausgesprochen hoch. Das Gehirn eines 16 Wochen alten Hundes ist zu etwa 80 Prozent ausgewachsen, die wichtigen Verknüpfungen haben bereits stattgefunden. Der Welpe saugt alles, was sich lernen lässt, wie ein Schwamm auf – Positives wie Negatives.

Auch Sie können ganz leicht einen »Umweltreiz-Parcours« gestalten. Er lässt sich gerade in den ersten zwei, drei Wochen, in denen Sie den Welpen noch nicht auf große Touren in Parks und Fußgängerzonen mitnehmen, hervorragend nutzen. Sie haben einen Garten? Umso besser. Aber auch im Wohnzimmer können Sie Hindernisse aufbauen und zweimal am Tag mit dem Hund spielend üben. Legen Sie zum Beispiel eine dicke Badematte aufs Gras oder den Fußboden, kurz dahinter ein kaltes Handtuch (aus dem Gefrierfach), dann eine Kokosmatte (Fußabtreter) und dahinter einen kleinen Kriechtunnel (den bekommen Sie zum Beispiel in der Kinderabteilung bei Ikea) und/oder ein Gitter zum Füßeabstreifen. Legen Sie unter einem einfachen

**Flatternde Bänder (1), die im Wind rascheln, oder eine rutschige Plastikplane (2): Wer solche Dinge kennt, wird auch im Alltag sicherer.**

Gestell, an das Sie lauter Bänder mit Glöckchen und/oder Löffeln gebunden haben, Leckerchen auf den Boden. Der Welpe soll dann darunter durchlaufen und sie sich holen. Wenn Sie Platz haben, füllen Sie ein kleines Kinderplanschbecken mit bunten Bällen (die gibt's günstig als »Bällebad« im Internet). Im Garten lässt sich natürlich mithilfe von Gras und Kiesweg oder Steinplatten auch einfacher für verschiedene Untergründe sorgen. Der Effekt ist letztlich der gleiche.

Lassen Sie den Welpen die verschiedenen »Hindernisse« erst einmal ansehen und beschnüffeln. Er muss gar nicht von Anfang an darübermarschieren, sondern soll sich vor allem erst einmal mit seinem kleinen Hirn damit beschäftigen. Nehmen Sie ihn dann locker an die lange Leine und in die andere Hand ein paar Kekse, und locken Sie ihn spielerisch und ganz entspannt mit sich. Halten Sie den Keks genau dort, wo Ihr Hund gehen soll, zappeln Sie nicht herum und werden Sie nicht ungeduldig. Loben Sie den Kleinen immer wieder und motivieren Sie ihn, dass er etwas wirklich Großartiges macht. Vergessen Sie vor allem nicht, dass dies ein Spiel ist, keine Prüfung. Sobald Sie angespannt oder frustriert werden, brechen Sie ab. Versuchen Sie es einfach später wieder. Sie werden sehen: Selbst wenn Ihr Welpe achtmal nicht mitmacht, beim neunten Mal spaziert er plötzlich über die verschiedenen Untergründe, als hätte er nie etwas anderes gemacht.

Bällebad (1) und Stofftunnel (2) sind auch für Hundekinder Abenteuer. Nicht ungeduldig werden, wenn sie anfangs ängstlich sind.

# Keine Zauberei: Stubenreinheit

Eine der wichtigste Regeln, die ein Hund lernen muss: Es wird nur draußen aufs Klo gegangen, nie drinnen. Aber auch Hunde sind faul. Und gerade, wenn es draußen kalt oder gar nass und eisig ist, finden sie es viel schöner, gemütlich im Warmen irgendwo hinten in den Flur zu machen. Der zählt ja eigentlich nicht zum Wohnraum ...

Die gute Nachricht ist: Stubenreinheit ist ein ziemlich einfaches Konzept, das jeder Hund früher oder später begreift. Wie schnell er es begreift, hängt allerdings ganz allein von Ihnen und Ihrer Aufmerksamkeit ab – und das könnte die weniger gute Nachricht sein. Es liegt an Ihnen, Ihren Welpen wirklich immer und ständig unter Aufsicht zu behalten und auf kleinste Details zu achten. Wenn Ihr Hund partout nicht stubenrein werden will, liegt das ganz allein an Ihnen.

Ein acht Wochen alter Welpe kann im wachen Zustand etwa eine Stunde aushalten, ohne aufs Klo zu müssen. Im Alter von drei Monaten gehen schon zwei bis drei Stunden, außer Ihr Hund tobt und spielt, wacht von einem Schläfchen auf oder hat gerade gefressen oder getrunken.

Kommen Sie auch ja nicht auf die Idee, Ihr Welpe könne seine Blase schon sechs bis acht Stunden kontrollieren, nur weil er nachts mal durchschläft: Kann er nicht. Hunde können wie Menschen im Schlaf viel länger »anhalten«, als wenn sie in Bewegung sind. Ein Welpe hat keinerlei Kontrolle über seine Blase, die Muskeln entwickeln sich erst mit der Zeit. Man kann ihn daher gar nicht oft genug nach draußen bringen. Echte Kontrolle über ihre Blase haben Hunde erst im Alter von 20 oder 30 Wochen, bei sehr kleinen Rassen dauert es

## Individuelle Zeiten

Ihr Hund verrichtet sein Geschäft im Laufe des Tages zu unterschiedlichen Zeiten. Merken Sie sich seinen »Rhythmus«, dann können Sie ihn immer besser einschätzen. Wenn er später nur noch zweimal am Tag gefüttert wird, entspannt sich der Rhythmus noch einmal.

Bei kurzbeinigeren Rassen als diesem Golden Retriever kann man diese eigentlich recht deutliche Stellung auch mal übersehen.

noch länger. Und selbst erwachsene Hunde müssen durchschnittlich mindestens viermal am Tag ihr »Geschäft« machen. Besser als das wird's nicht.

## ACHTEN SIE AUF DIE SIGNALE

Hunde teilen uns meist ziemlich deutlich mit, was sie brauchen. Wir übersehen nur oft, was sie uns »sagen« wollen. Vielleicht hatten Sie früher einen Hund, der ostentativ zur Tür spazierte, wenn er nach draußen musste, oder sogar vor der Tür bellte. Aber viele Welpen sind noch nicht bei diesem Kapitel angekommen. Folgende Zeichen können bedeuten, dass Ihr Hündchen aufs Klo muss:

- Er ist gerade aufgewacht.
- Er knabbert gerade an einer Kaustange, lässt davon ab und steht auf.
- Er hat gerade eben gefressen und/oder getrunken.
- Sie haben ihn gerade aus seiner Box gelassen oder ihn fröhlich begrüßt.
- Er verlässt das Umfeld, in dem er gerade gespielt hat, und spaziert woandershin.
- Er läuft in kleinen Kreisen und schnüffelt dabei herum.
- Er unterbricht, was er gerade getan hat, und guckt ein bisschen irritiert.
- Er schaut in Richtung der Tür, durch die Sie normalerweise mit ihm rausgehen (oder läuft davor herum).
- Er läuft zu einer Stelle, an der er früher einmal einen Unfall hatte.
- Er hat wild getobt (vor allem, wenn er mit einem anderen Hund oder einem Menschen gespielt hat) und war schon eine Weile nicht mehr draußen.

Wenn doch mal etwas »danebengegangen« ist:
Alle Spuren sofort mit Essigreiniger wegputzen,
um Gerüche zu entfernen.

Manchmal können Welpen vom Spiel so abgelenkt sein, dass sie sich mitten aus einer Bewegung heraus kurz hinhocken. Behalten Sie ihn dabei permanent unter Aufsicht. Verkleinern Sie auch seinen Radius, indem Sie zum Beispiel Türen schließen, damit er sich nicht einfach davonmachen kann. Ein Welpe braucht nur wenige Sekunden, um ins Nebenzimmer zu laufen und schnell zu pieseln. Wenn er sehr ausgelassen tobt, unterbrechen Sie ihn kurz und gehen mit ihm nach draußen. Danach geht es weiter.

Wenn Sie Ihren Hund nicht die ganze Zeit beaufsichtigen können, weil Sie zum Beispiel mit Ihren Kindern Hausaufgaben machen oder telefonieren müssen, gehen Sie vorher mit ihm hinaus und setzen ihn anschließend in seine Box. Die meisten Welpen machen ihr Geschäft nur ungern dort, wo sie auch schlafen oder fressen. Vergessen Sie ihn aber nicht in der Hundebox: Er muss trotzdem entsprechend seines Rhythmus aufs Klo.

## Bleiben Sie dabei

Man kann Welpen gar nicht oft genug nach draußen bringen. Erwarten Sie nicht, dass Ihr Welpe weiß, was er zu tun hat, wenn Sie einfach die Terrassentür oder das Gartentor öffnen. Junge Hunde lassen sich wie kleine Kinder sehr leicht ablenken und vergessen, dass sie pieseln müssen. Es ist Ihre Aufgabe, mit ihm nach draußen zu gehen und ruhig abzuwarten, bis er sein Geschäft verrichtet hat. Ich verknüpfe diesen Vorgang mittlerweile mit einem Wort. Bei uns heißt das »Beeil' dich!«, bei anderen »Geh pieseln!« – Ihnen wird schon etwas einfallen. Jedenfalls ist so ein Wort sehr praktisch, wenn es draußen eisig kalt ist und Ihr Hund sich beim besten Willen nicht vorstellen kann, was Sie bei diesen Minusgraden da draußen überhaupt von ihm wollen. Wenn er entgegen Ihrer Erwartung nicht aufs Klo geht, sammeln Sie ihn wieder ein, gehen zurück ins Haus und versuchen es in 15 Minuten noch einmal.

Sobald er sich entleert hat, müssen Sie ihn sofort überschwänglich loben, als hätte er gerade den Nobelpreis verdient. Wenn Sie mit Ihrem Hund draußen spielen und er sozusagen »beiläufig« pieselt, loben Sie ihn übrigens genauso begeistert: Immer, wenn er etwas richtig macht (absichtlich oder nicht), müssen Sie ihm deutlich machen, dass er der tollste Hund aller Zeiten ist. Ist er ja auch.

Wenn Sie mit ihm spazieren gehen wollen, dann auch erst, nachdem er auf seinem angestammten Platz auf dem Klo war.

## RECHNEN SIE MIT UNFÄLLEN

Sie waren abgelenkt, haben kurz nicht aufgepasst, mussten ans Telefon oder an die Haustür – und finden nun einen »Unfall« im Flur oder auf dem Teppich. Und nun? Nix. Nachdem Sie Ihren Welpen nicht in flagranti erwischt haben, ist es zu spät, irgendetwas zu tun (außer natürlich, die Bescherung gründlich wegzumachen). Schnauzen Sie den Welpen jetzt bloß nicht an, reiben Sie auf gar keinen Fall seine Nase in dem Unglück und geben Sie Ihrem Frust auch sonst nicht in irgendeiner Weise nach: Ihr Hündchen hat nicht die geringste Ahnung, warum Sie so genervt sind. Und schließlich waren Sie es ja, der zugelassen hat, dass dieser Fehler passieren konnte, nicht wahr?

Klopapier scheint universal bei Kindern aller Spezies ein sensationelles Spielzeug zu sein, so auch für diesen zauberhaften Mischling.

Dass und wie Sie den »Unfallort« gründlich reinigen, ist dagegen sehr wichtig für das zukünftige Stubenreinheitsgefühl Ihres Welpen. Wenn Sie nicht jegliche Geruchsspur zuverlässig entfernen, könnten Sie an der Stelle ebenso gut ein Schild »Öffentliche Toilette – hier bitte pieseln!« aufstellen. Meiden Sie Putzmittel mit Ammoniak darin, denn Ammoniak ist auch in Hundepipi enthalten. Den Teppich an der bewussten Stelle mit Waschpulver zu reinigen kann gut funktionieren. Ansonsten gibt es im Fachhandel biologische Reinigungsmittel auf Enzymbasis, die bei richtiger Anwendung die Quelle des Geruchs zuverlässig entfernen, sodass Ihr Welpe sich von dieser Stelle in Zukunft nicht mehr magisch angezogen fühlt.

Etwas anderes ist es, wenn Sie den Welpen auf frischer Tat ertappen. Machen Sie dann irgendein Geräusch, um ihn zu unterbrechen (ziehen Sie zum Beispiel scharf die Luft ein, sagen Sie »Hilfe« oder irgendetwas anderes), aber werden Sie nicht böse, enttäuscht oder ungeduldig. Sonst wird er versuchen, seine »Unfälle« in Zukunft vor Ihnen zu verbergen, und sich hinter dem Sofa oder in irgendeinem ungenutzten Raum zu entleeren (sehr beliebt sind für solche Zwecke Gästezimmer). Schnappen Sie sich Ihr Hündchen und bringen Sie es eiligst nach draußen an seinen angestammten, bewährten Platz. Lassen Sie ihn beenden, was er in Ihrer Wohnung begonnen hat. Loben Sie ihn wie üblich.

Sobald die Barsoi-Welpen (1) aufwachen, heißt es: Ab nach draußen! Landseer-Welpen (2) können wirklich herzerweichend gucken.

## DER TRICK MIT DER WINDELUNTERLAGE

Für sehr junge Welpen (etwa aus dem Tierschutz oder einer Notsituation), Welpen sehr kleiner Rassen und/oder Hundebesitzer, die keinen Garten oder Grünstreifen in direkter Nähe haben, gibt es einen fabelhaften Zwischenschritt für das Nach-Draußen-Transportieren. Sehr kleine Hunde haben nämlich eine noch kleinere Blase als andere Hundekinder – was bedeutet, dass sie noch öfter aufs Klo müssen, als Welpen das sowieso schon tun. Und der Mensch eigentlich mit nichts anderem beschäftigt ist, als im Galopp nach draußen zu rennen.

Sie können, um sich wenigstens die Hälfte dieser Gänge ins Freie zu sparen, an strategisch geschickte Plätze sogenannte Welpen-Pads aus dem Tierfachhandel legen. Diese Pads sehen aus wie quadratische Windeln mit einer feuchtigkeitsabsorbierenden Polymerschicht auf einer dünnen Plastikschicht (preiswerter, aber praktisch genau dasselbe sind Einweg-Wickelunterlagen für Babys aus dem Drogeriemarkt). Sobald Sie anhand seiner Körpersprache bemerken, dass Ihr Welpe aufs Klo muss, setzen Sie ihn auf diese Unterlage. Solange er nur einmal pieselt, lassen Sie die Unterlage an dieser Stelle liegen, damit er sie später auch selbstständig wiederfindet (größere Geschäfte entsorgen Sie natürlich). Wenn Sie die Unterlage wechseln, tupfen Sie an irgendeiner Stelle ein Tröpfchen Pipi-Geruch von der alten Unterlage auf.

Je nachdem, wie gut das innere Navigationssystem Ihres Welpen ist, ist es sinnvoll, anfangs mehrere dieser Unterlagen auszulegen, damit er sie auch wirklich findet. Im Laufe der nächsten Wochen reduzieren Sie sie immer weiter und bewegen die Unterlagen Richtung Haustür, damit Sie es bemerken, wenn er auf der Suche nach seiner Klo-Unterlage Richtung Tür läuft. Irgendwann liegt die »Windel« dann direkt vor der Haustür (auf diese Weise erziehen Sie das Hündchen und sich selbst gleichzeitig).

Sehr nützlich sind diese Dinger übrigens auch, wenn Sie mit dem Welpen irgendwo zu Besuch sind und aus irgendwelchen Gründen nicht so adleräugig auf seine Körpersprache achten können: Eine saubere Wickelunterlage mag eine ungewöhnliche Inneneinrichtungsdeko sein. Aber man macht sich deutlich unbeliebter bei Freunden, wenn der Welpe auf den teuren Teppich macht.

## Pieseln bei der Begrüßung

Dies ist ein ziemlich normales Verhalten und hat nichts mit Stubenreinheit zu tun. Man nennt es »unterwürfiges Urinieren« – eine Art Beschwichtigungsgeste des sehr jungen Hundes, wenn er etwas überwältigt ist. Er möchte damit sagen: »Tut mir bitte nichts, ich bin so unglaublich klein und harmlos!« Sie dürfen den Welpen auf keinen Fall dafür ermahnen oder gar bestrafen, sonst wird es beim nächsten Mal nur schlimmer (er muss Sie ja offensichtlich noch stärker beschwichtigen). Ignorieren Sie das Malheur einfach; es wird im Laufe der Zeit besser und verschwindet mit wachsendem Selbstbewusstsein irgendwann von ganz alleine.

Kleiner Tipp: Halten Sie die Begrüßungen maßvoll. Nach Hause kommen ist keine große Sache, über die Ihr Welpe sich entsprechend groß aufregen müsste.

# DIE **ERNÄHRUNG**

## DES WELPEN

# Du bist, was du isst

Das Hundefutter-Angebot im Handel ist schlicht überwältigend. Es ist dadurch oft schwer, das Richtige für den eigenen Hund zu finden, zumal sich das Thema Hundeernährung in den letzten Jahren zu einer wahren Glaubensfrage entwickelt hat.

Für den Anfang ist es am besten, Sie füttern das, was der Züchter gefüttert hat, um das Verdauungssystem Ihres Welpen nicht unnötig zu belasten. Später können Sie immer noch wechseln.

Vor allem Welpen großer Rassen sind, was Fütterungsfehler betrifft, empfindlich, weil sie sehr schnell wachsen. Ein Zwergteckelwelpe vervielfacht sein Geburtsgewicht innerhalb von acht Monaten um das Zwanzigfache, eine Dogge verhundertfacht ihr Geburtsgewicht in der nur dreifachen Zeit.

Durch die Fütterung lässt sich zwar nicht das Endgewicht beeinflussen, wohl aber die Geschwindigkeit, in der dieses erreicht wird. Wächst der Welpe zu schnell und ist er für sein Alter zu schwer, zieht das Störungen der Skelettentwicklung nach sich, weil die Gelenke durch das Gewicht zu stark belastet werden. Ausschlaggebend für die Wachstumsgeschwindigkeit ist dabei immer die Energieaufnahme: Je mehr Energie der Welpe bekommt, desto schneller wächst er. Er wird also nicht zu dick, er schießt »nur« einfach in die Höhe. Dabei spielt es keine Rolle, ob die Kalorien aus Eiweiß, Kohlenhydraten oder Fett stammen. Und häufig ist auch gar nicht die Menge des Hauptfutters das Problem, sondern all das, was nebenbei gefüttert wird: die Kekse, die Leckerchen, die Kauprodukte. Die Kalorien und Mengen dieser Köstlichkeiten werden häufig unterschätzt.

Besonders wichtig ist eine wirklich optimale Fütterung in der Hauptwachstumsphase, also zwischen dem dritten und sechsten Lebensmonat (bei sehr großen Rassen bis circa dem achten Lebensmonat).

## FERTIGNAHRUNG

Sie können zwischen Trocken- und Dosenfutter wählen, das (abgesehen vom Feuchtigkeitsgehalt) gewöhnlich eine ähnliche Zusammensetzung hat. Der Feuchtigkeitsgehalt in Dosenfutter besteht nicht nur aus Wasser, sondern aus Fleischsaft und Brühe, die Ihrem Hund buchstäblich das Wasser im Mund zusammenlaufen lassen. Trockenfutter hält länger, riecht weniger stark und eignet sich besser zum Verreisen (weil es weniger wiegt). Man hört auch immer wieder, dass Trockenfutter dafür sorgen würde, dass Hunde weniger Zahnstein bekämen. Meiner Erfahrung nach stimmt das aber nicht. Die meisten

Hunde kauen ihr Futter gar nicht, sondern schlingen es im Ganzen herunter. Ein Abrieb von Zahnstein durch das gebackene Futter findet also nicht statt. Und wer Kekse isst, muss sich doch auch trotzdem die Zähne putzen, oder nicht?

Sogenanntes Alleinfutter muss alle lebensnotwendigen Nährstoffe, Vitamine und Mineralien enthalten, die der durchschnittliche Hund in den verschiedenen Lebensabschnitten braucht. Welpen haben einen anderen Protein-, Mineralstoff- und Vitaminbedarf als erwachsene Hunde, alte Hunde brauchen eher weniger Proteine und Energie. Dementsprechend ist Fertigfutter aufgeteilt in die Sparten »Welpenfutter«, »Junior« für den Junghund, »Adult« für den ausgewachsenen Hund und »Senior« für den Hund ab circa acht Jahren.

Damit er gesund und stark werden kann, muss der Welpe artgerecht und vernünftig ernährt werden. Einfach nur in den Supermarkt spazieren und irgendwelche Dosen kaufen gilt nicht.

Das Futter für Welpen und Junghunde sollte deutlich mehr Energie (also Kalorien) enthalten wie das für erwachsene Hunde. Junge Hunde bewegen sich von Natur aus viel mehr als erwachsene, sie toben und rennen andauernd mit anderen Hunden herum. Und weil sie ununterbrochen lernen, leisten sie gleichzeitig auch sehr viel Kopfarbeit. All das verbraucht viel mehr Energie als ein »erwachsener« Spaziergang.

## DAS KLEINGEDRUCKTE: INHALTSSTOFFE IM FUTTER

So überwältigend die Auswahl von Trocken-, Flocken- und Dosenfutter, Leckerlis, Kaustangen, Vitamin- und Mineralzusätzen ist, so verwirrend ist die Vielfalt auch. Daher gilt bei Hundefutter dasselbe wie bei unseren Nahrungsmitteln: Billiges Futter enthält gewöhnlich keine besonders hochwertigen Zutaten. Der Unterschied zwischen »Standard«- und »Premium«-Futter liegt für gewöhnlich in der Qualität der Rohstoffe und der Rezepturentwicklung.

Per Gesetz müssen Futterhersteller auf ihren Produkten genau auflisten, was in ihrem Produkt enthalten ist. Je offener der Futtermittelhersteller mit seiner Inhaltsangabe umgeht, desto mehr kann man ihm vertrauen. Allerdings müssen Sie des »Dosendeutschs« mächtig sein, um zu verstehen, was die »Analytischen Bestandteile« wirklich darstellen. Eine Regel ist aber ganz einfach: Die zuerst aufgeführte Zutat macht den größten Anteil des Futters aus, die zuletzt genannte den kleinsten. Wenn auf einem Futtermittel also zunächst einmal Reismehl steht, dann Rübenschnitzel und erst an dritter Stelle Hähnchenfleischmehl, ist definitiv deutlich mehr Getreide drin als Fleisch.

### Rohprotein

Ein qualitativ hochwertiges Trockenfutter sollte zwischen 20 und 25 Prozent Rohprotein enthalten. Dosenfutter enthält auf den ersten Blick immer weniger davon, was am höheren Wassergehalt liegt. Rechnet man diesen heraus, erkennt man, dass Dosen häufig mehr Rohprotein enthalten als Trockennahrung.

Der Gehalt an Rohprotein in einer Futterdose sollte aber dennoch generell nicht weniger als 5,5 Prozent betragen.

## Rohfett

Bezeichnet den Energiegehalt des Futters. Für normal aktive Hunde reichen 10–12 Prozent Rohfett im Trockenfutter und circa 1 Prozent in der Dose völlig aus. Leistungshunde wie Polizei- oder Rettungshunde können gut 15 Prozent vertragen. Achten Sie darauf, ob der Hersteller angibt, wie viele und welche essenziellen Fettsäuren im Futter vorhanden sind (zum Beispiel Omega-3-Fettsäuren). Auch das ist ein Qualitätsmerkmal.

## Rohfaser

So werden die unverdaulichen pflanzlichen Faserstoffe (Ballaststoffe) im Futter bezeichnet. Der Hund braucht sie, um die Darmtätigkeit anzuregen und den Kot überhaupt zu formen. Im Trockenfutter ist ein Anteil von 2–3 Prozent Rohfaser ideal, im Dosenfutter genügen 0,5 Prozent. Ist der Rohfaseranteil höher, bedeutet dies, dass ein großer Teil des Futters nicht verdaut werden kann, wodurch der Hund Blähungen bekommt und gewaltige Haufen ausscheidet.

## Kalzium und Phosphor

Im Futter für Welpen und Junghunde muss der Kalzium- und Phosphorgehalt angegeben werden. Das Verhältnis der beiden Mineralstoffe sollte bei 1–1,5:1 (Verhältnis Kalzium zu Phosphor) liegen. Alle anderen Mineralien dürfen unter dem Begriff »Mineralstoffe« zusammengefasst und müssen nicht einzeln aufgeführt werden.

## Fleisch und tierische Nebenprodukte

Damit werden alle Erzeugnisse und Nebenerzeugnisse aus der Schlachtung bezeichnet – das kann Muskelfleisch sein oder auch Schlachtabfälle, die nicht für den menschlichen Verzehr »geeignet« sind, wie Herzmuskelfleisch, Pansen, Blättermagen, Zunge, Innereien oder Blut. Häufig wird behauptet, im Hundefutter würden auch Hufe, Federn, Schnäbel oder Fell verarbeitet. Und tatsächlich dürfen diese Produkte im Heimtierfuttermittel verarbeitet werden. Gewöhnlich macht man daraus aber Kauartikel (zum Beispiel Schweine- oder Rinderohren, Kaninchenohren mit Fell, Kausehnen und Ochsenziemer). Denn ein hoher Anteil an Unverdaulichem (also Hornspäne, Federn, Schnäbel, Gräten) würde den Rohfaseranteil erhöhen, was wieder Blähungen und riesige Kotmengen bedeuten würde. Das kann nicht im Interesse der Hersteller sein. Denn die wollen ja, dass der Hund ihr Futter super verträgt und damit sehr alt wird, damit Sie es immer wieder kaufen. Sonst verdienen sie nichts daran.

## Pflanzliche Nebenprodukte

In diese Gruppe fallen »Abfallprodukte« der pflanzenverarbeitenden Industrie wie Karottenchips, Rübenschnitzel, Apfelrückstände, Sojaschnitzel oder Kleie. Theoretisch sind auch billige, schlecht verwertbare Füllstoffe erlaubt wie Kartoffelschalen oder Pressrückstände aus der Ölgewinnung von Mais und Soja. Allerdings macht auch dies ernährungsphysiologisch (und kaufmännisch) wenig Sinn. Denn finden sie sich vermehrt in einem Futter, steigt wieder dessen Rohfaseranteil und somit die Unverdaulichkeit.

### Antioxidanzien

Antioxidanzien im Hundefutter sollen verhindern, dass das in ihm enthaltene Fett ranzig wird und zu stinken beginnt. Allerdings stehen synthetische Antioxidanzien wie BHA, BHT und Ethoxiquin im Verdacht, Krebserkrankungen zu begünstigen.

### Konservierungsmittel

Kalziumsorbit (E 203), Natriumsorbit (E 201) oder Zitronensäure (E 202) sollen das Futter vor dem Verderb durch Bakterien, Hefen und Pilze schützen. Sie sind nur dann notwendig, wenn das Futter mehr als 14 Prozent Wasser enthält. Man findet sie daher (wenn überhaupt) nur in Dosenfutter. Und auch hier sind Konservierungsstoffe für gewöhnlich überflüssig. Denn der Inhalt der Dosen wird durch Erhitzung und Druck haltbar gemacht.

### Rohasche

Der »Rohasche-Wert« wird ermittelt, indem das Futter auf 550 Grad erhitzt und anschließend verbrannt wird: Die übrig gebliebene Asche wird dann gewogen. Nach einer solchen Behandlung bleiben nur anorganische Substanzen im Futter übrig, also Spurenelemente und Mineralien.

Der Rohasche-Richtwert sollte bei Trockenfutter unter zehn Prozent, bei Feuchtfutter unter zwei Prozent liegen. Wenn ein Futter einen überhöhten Gehalt an Rohasche aufweist, spricht dies für eine übermäßige Beimengung billiger Knochenmehlprodukte.

## SELBST KOCHEN ODER FRISCH-FLEISCHFÜTTERUNG (BARFEN)

Wer den Inhaltsstoffen im Fertigfutter nicht traut, kann Hundefutter auch selbst herstellen. Das Problem hierbei ist, dass viele dazu neigen, die Hundeernährung zu sehr an die menschliche Ernährung anzupassen. Dabei haben Hunde einen völlig anderen, nämlich deutlich höheren, Nährstoff-, Vitamin- und Mineralbedarf als unsereins. Zum Vergleich: Eine trächtige Hündin hat den 20-fachen Kalziumbedarf einer schwangeren Frau. Für uns Menschen ist Filet, Schnitzel oder Steak das

Pflanzenfasern sind gut für die Verdauung: Dieser Beagle sucht sich die »pflanzlichen Nebenprodukte« selbst.

Beste vom Besten, während Hunde aufgrund der darin enthaltenen Vitamine und anderen Vitalstoffe unbedingt Innereien brauchen. Anderenfalls müssen sie einen Mineralstoffzusatz bekommen.

Weil Hunde viel empfindlicher auf eine Fehlversorgung mit Nährstoffen reagieren als Kinder oder Erwachsene, sollte man sich bei selbst gekochten beziehungsweise selbst hergestellten Rationen unbedingt von Ernährungsfachtierärzten (zum Beispiel in der Fakultät Tierernährung und Diätik der Ludwig-Maximilians-Universität München) beraten lassen. Die Kosten für ein speziell auf Ihren Hund abgestimmtes Rezept belaufen sich gewöhnlich auf um die 100 Euro.

## LECKERLI, BELOHNUNGEN UND KEKSE

Als Belohnung und Motivationskick eignen sich am besten weiche (nicht krümelige), sehr kleine, leicht zu schluckende Leckerli, die Ihr Welpe auf dem Fußboden gut sehen kann. Er sollte sie deswegen eher schnell herunterschlucken, damit Sie mit dem Erziehungsprogramm weitermachen können. Muss er lange kauen oder sich über die Konsistenz Gedanken machen, lenkt ihn das von der eigentlichen Aufgabe ab. Die einzelnen Leckerli sollten auch wirklich winzig sein, sozusagen homöopathische Dosierungen. Sie sind nur eine Geste, keine Zwischenmahlzeit.

Es gibt massenweise Fertig-Leckerchen im Tierbedarfshandel. Wenn Ihr Hündchen sich nicht genügend für Ihr Belohnungsangebot interessiert, ist es nicht gut genug und Sie müssen sich etwas Spannenderes ausdenken.

Ich persönlich bin ein großer Freund von gekochtem Hühnerfleisch, gekochter Leber, winzigkleinen Stücken Wiener Würstchen, milden Hartkäsesorten oder zerschnipselten kleinen, getrockneten Fischen.

Üben Sie mit Ihrem Welpen, Belohnungen höflich anzunehmen und nicht gierig danach zu schnappen. Wenn er zu aufgeregt wird, halten Sie ihm die Leckerli in Ihrer geschlossenen Faust hin. Das wird ihn bremsen, denn er muss sich Ihre Hand ja ansehen – und dann können Sie die Faust öffnen und ihm die Belohnung geben.

## WIE OFT FÜTTERT MAN?

Welpen im Alter von acht bis zwölf Wochen werden gewöhnlich drei- bis viermal am Tag gefüttert. Später fährt man auf drei Mahlzeiten herunter: morgens, mittags und abends. Ungefähr im Alter von fünf Monaten stellt man dann auf zweimal füttern um. Diesen Takt sollte man beibehalten. Die Tagesration auf eine einzige Mahlzeit zu konzentrieren ist ungesund und belastet den Magen zu sehr. Wenn der Hund nach zehn Minuten nicht mehr weiterfrisst, nehmen Sie ihm den Napf wieder weg. Ich bin nicht dafür, dass ein Hund stets Zugang zu seinem Futter haben sollte. Wenn Ihr Welpe sich den ganzen Tag selbst »bedienen« kann, arbeitet auch sein Verdauungssystem den ganzen Tag und kommt nie zur Ruhe. Außerdem kann er auf diese Weise sehr leicht zu dick werden. Im Übrigen sind über den Tag verteilte Mahlzeiten auch eine gute Botschaft, um dem Hund zu vermitteln, dass alle guten, spannenden Dinge von Ihnen kommen.

# DIE TÄGLICHE PFLEGE

# Die Fellpflege

Anders als Katzen betreiben Hunde keine gründliche Fellpflege. Um ab und zu Bürsten und Baden kommen Sie wahrscheinlich nicht herum: Wie gut und gepflegt Ihr Hund also aussieht, liegt auch an Ihnen.

Das Fell spiegelt normalerweise die Gesundheit Ihres Hundes wider. Es sollte locker und glänzend sein. Manche Leute gehen geradezu darin auf und finden nichts schöner, als ihre Hunde stundenlang zu bürsten. Anderen erscheint dieser Aspekt der Hundehaltung eher lästig (wenn Sie zu dieser Gruppe gehören, rate ich, die Finger von Tibet Terriern, Bearded Collies, Briards, Malteser oder ähnlichen Hunden zu lassen, weil deren Fellpflege – um es mal vorsichtig auszudrücken – äußerst aufwendig ist). Kurzhaarige Hunde brauchen für gewöhnlich weniger Pflege als ihre langhaarigen Artgenossen.

## HAAREN

Alle Hunde haaren (abgesehen von wenigen Rassen wie Pudel, Havaneser oder Bologneser). Daran führt kein Weg vorbei, denn totes Haar muss abgestoßen werden. Bei kurzhaarigen Hunden fällt das Haaren nur meistens weniger auf. »Meistens« deshalb, weil beispielsweise Mops oder Dalmatiner sogar ziemlich stark haaren. Die kurzen, hellen Haare pieksen sich gerne in Stoffe und lassen sich von dort nur schwer wieder entfernen (weswegen Dalmatiner-Besitzer sich besser von schwarzer Kleidung verabschieden, obwohl die so gut zum Hund passen würde). Auch kurzhaarige Hunde brauchen also eine gewisse Aufmerksamkeit, was ihre Körperpflege betrifft.

Die meisten Hunde haaren saisonbedingt, also im Frühjahr und Herbst, wenn das alte Haar ausfällt und der Hund ein Sommer- beziehungsweise Winterfell bekommt. Einige Rassen, besonders solche mit dichtem Unterfell wie Australian Shepherd, Golden Retriever, Schäferhund oder Labrador, haaren praktisch das ganze Jahr über leicht. Für Menschen kann dies mitunter zum Problem werden, wenn sich zum Beispiel auf allen Teppichen, Polstern und Fußböden helles Langhaar wiederfindet. Das Ganze lässt sich jedoch gut in den Griff bekommen, wenn Sie Ihren Hund täglich einmal kurz abbürsten. Sollte Ihr Hund auffällig stark haaren, könnte das bedeuten, dass er nicht ganz gesund ist, dass er gestresst war oder ist (zum Beispiel durch eine Ausstellung, eine lange Autofahrt, einen massiven Wetterumschwung oder eine Rauferei mit einem anderen Hund), oder dass ihm bestimmte Vitamine fehlen. Eine unaufwendige Blutuntersuchung beim Tierarzt kann das klären.

Bürsten soll für den Welpen (hier ein Mini Australian Shepherd) eine angenehme Massage sein – keine lästige Pflicht, sondern eine Art Kuscheln mit Werkzeug.

## BÜRSTEN, STRIEGELN, MASSIEREN

Durch tägliches Bürsten entfernen Sie die losen toten Haare und stimulieren die Haarfollikel, die das Haarkleid durchfetten, um den Hund gegen Kälte und Nässe zu schützen und sein Fell glänzen zu lassen. Bei sehr kurzhaarigen Hunden (wie Boxer, Whippet, Pointer oder Dobermann) genügt zur Fellpflege ein weicher Gummistriegel. Bei »normal« kurzhaarigen Rassen (wie Mops, Terrier, Labrador, Rottweiler oder Corgi) empfiehlt sich eine Bürste mit Naturborsten und für die langhaarigen Rassen (wie Bearded Collie, Australian Shepherd, Setter, Bobtail oder Spaniel) brauchen Sie eine gute Drahtbürste sowie eine sogenannte Zupfbürste. Letztere sind mit möglichst weichen Drahtborsten ausgestattet, weil sich damit bei rau- und wollhaarigen Hunden die Unterwolle am effektivsten ausbürsten lässt. Bei langhaarigen Rassen müssen zudem Verfilzungen mit einem scharfen kleinen Trimmkamm ausgedünnt und die Ohren ausgekämmt werden. Gewöhnen Sie Ihren Hund an dieses tägliche Ritual, auch wenn er anfangs sicherlich etwas zappeln und sich ein bisschen anstellen wird. Verwandeln Sie jede Körperpflege in ein Wellness-Programm. Streicheln und massieren Sie Ihren Welpen mit Kamm und Bürste, meiden Sie grobe Behandlung, Ziepen oder harte Borsten auf zarter Kinderhaut. Wenn Sie das Gefühl haben, Ihr Hund reagiert besonders abwehrend auf eine bestimmte Bürste, versuchen Sie eine andere mit weicheren Borsten. Durch die tägliche Wiederholung, ein paar strenge Ermahnungen und viel Lob wird er sich an das Bürsten gewöhnen und sich dann sogar darüber freuen. Schließlich bedeutet die Fellpflege für ihn auch ein paar Minuten Ihrer ungeteilten Aufmerksamkeit und eine angenehme Massage.

## Kleine Gesundheitskontrolle

Achten Sie beim Bürsten nebenbei immer auf kleine Wunden oder Ekzeme unter dem Fell (besonders bei langhaarigen Hunden, bei denen man diese nicht so leicht sieht), außerdem auf Zecken, Flöhe oder Flohkot. Zecken sind groß genug, um sie mit bloßem Auge erkennen zu können, vor allem, wenn sie sich vollgesogen haben. Sie verbreiten Krankheiten und Entzündungen und müssen sofort mit einer Zeckenzange entfernt werden. Flöhe sind da schon schwieriger zu entdecken. Sie hinterlassen jedoch normalerweise verräterische Ausscheidungen in Form winziger schwarzer Krümel, die man höflich als »Flohschmutz« bezeichnen kann.

## KÜRZEN, SCHEREN, TRIMMEN

Langes Fell ist eine Klimaanlage. Überlegen Sie sich daher gut, ob Sie Ihren langhaarigen Hund wirklich scheren wollen. Entgegen gängiger Vorurteile hilft es den meisten nicht wirklich, wenn sie im Sommer geschoren werden. Langes Fell funktioniert nämlich ähnlich wie eine Klimaanlage: Die verschiedenen Fellschichten isolieren und lüften den Hund gleichzeitig (wie man übrigens auch an

Wüstenvölkern beobachten kann, die immer mehrere Schichten dünner Wollkleidung tragen). Die Haut langhaariger Hunde ist außerdem oft sehr lichtempfindlich, was man gerade im Sommer unbedingt beachten sollte. Nicht zuletzt wächst das Fell nach mehrfachem Scheren oft recht flusig nach. Manchmal ruiniert man das Deckhaar durch das Scheren so, dass es nur noch wellig und nicht in seiner eigentlichen Qualität nachwächst. Beim Pudel liegt der Fall anders: Er hat Haar (von der Struktur her wie der Mensch) und kein Fell, kein Deckhaar oder Unterwolle, weshalb ständiges Schneiden oder Scheren sein Haar nicht schädigt.

Um es kurz zu machen: Wer sich einen Bobtail kauft, sollte sich einfach damit abfinden,

Noch ist das Welpen-Fell des Mini Australian Shepherd kurz und plüschig. Später wird es etwa die doppelte Menge und Länge sein.

Die Fellpflege von langhaarigen Rassen wie Havanesern ist relativ intensiv und muss unbedingt von klein auf geübt werden.

dass dieser Hund ausgiebigster Fellpflege bedarf, und nicht nachträglich einen Schnauzer aus ihm machen. Dasselbe gilt für Berner Sennenhunde, Bouviers und ähnliche Rassen. Die wollen sich im Sommer zwar weniger bewegen, weil ihnen warm ist. Aber das ist auch besser für ihren Kreislauf.

Bei langhaarigen Hunden sollten nur die Haare um den After herum kurz geschnitten werden. Bei manchen Rassen, beispielsweise den tibetischen, müssen außerdem regelmäßig die Pfoten freigeschnitten werden, weil die Haare zwischen den Ballen weiterwachsen (diese Hunde wurden immerhin fürs tibetische Hochland gezüchtet und brauchten bei unendlichen Minusgraden einfach warme Füße). Kürzt man die Haare nicht, können sie verfilzen, sodass sie wie kleine Steine zwischen den Ballen sitzen und überaus schmerzhaft sind.

## Haare im Gesicht

Bei manchen Hunden muss man mit einer stumpfen Babyschere die Augen freischneiden. Hierbei ist allerdings Vorsicht geboten: Meistens pieksen die abgeschnittenen Haare erst recht ins Auge, wodurch Hornhautentzündungen entstehen können. Ob der Bobtail wirklich nichts sehen kann, wenn man ihm die Haare nicht hochbindet, ist immer ein Diskussionspunkt. Die tibetischen Rassen wie Lhasa-Apso, Shi-Tzu oder Tibet Terrier haben diese Haare vor den Augen als eine Art Sonnenschutz gegen das grelle Sonnenlicht im tibetischen Hochlandschnee. Und auch als »Staubschutz« sind diese Haare nicht zu verachten. Ich habe in meinem Leben mehr langhaarige Hunde getroffen, die Augenentzündungen hatten, weil ihnen ständig abgeschnittene Härchen ins Auge stachen oder ihre empfindlichen Augen durch eine Hochfrisur allem Wind ausgesetzt waren, als solche, die gegen Bäume gelaufen sind, weil sie nichts sehen konnten. (Ganz nebenbei bemerkt, trug ich im Alter von dreizehn etwa die gleiche Frisur und konnte ganz wunderbar sehen. Dass gleichzeitig niemand meinen pubertären Gesichtsausdruck erkennen konnte, war beabsichtigt.)

## BADEN

Irgendwann braucht jeder Hund ein Bad – weil er sich in entsetzlichen Dingen gewälzt hat, weil er Durchfall hatte, weil er so im Matsch getobt hat, dass er kaum noch als Hund zu erkennen ist, weil er läufig war oder weil er einfach stinkt. Gerade in größeren Städten »sammeln« Hunde auf der Straße bei jedem Spaziergang mit solcher Geschicklichkeit Staub, Benzin- und Ölspuren, Bierpfützen und schrecklichere Dinge in ihrem Fell, dass Ihnen eigentlich die Hundesteuer erlassen werden sollte. Die Folge: Das Fell fühlt sich in kurzer Zeit fettig und schwer an, der Hund riecht stark nach Hund und die Hände, die ihn gestreichelt haben, sowieso.

Früher hieß es zwar, man solle seinen Hund höchstens einmal im Jahr baden, alles andere sei ungesund. Aber in unseren modernen Zeiten haben sich einige Dinge verändert. Menschen-Shampoos sind in der Tat nicht gesund für Hundehaut und -fell und sollten daher nicht verwendet werden. Im Fachhandel gibt es heute aber viele verschiedene Sorten von Hunde-Shampoo, die speziell auf den pH-Wert der Hundehaut abgestimmt sind und die Sie dementsprechend getrost auch mehrmals im Jahr verwenden können.

Auch wenn Badewasser nie so lustig ist wie ein Schlammbad – irgendwann trifft es jeden einmal: Die Badewanne ruft! (Pudel)

Welpen sollten im Winter möglichst nicht gebadet werden, egal wie schmutzig sie sind. Denn sie unterkühlen leicht – und Kaltwerden führt zu Erkältungen und Krankheiten. Je länger das Fell Ihres Welpen ist, desto länger dauert es, bis es wieder trocken ist. Wenn Ihr Welpe wirklich vor Dreck starrt, bürsten Sie ihn gründlich. Wenn er sich in irgendetwas Furchtbarem gewälzt hat, versuchen Sie, diese bestimmte Stelle mit einem Waschlappen, warmem Wasser und etwas Shampoo zu säubern. Wenn es geht, warten Sie mit dem Bad, bis es wieder wärmer ist.

### Das erste Bad

Das erste Bad ist meistens ein Wettbewerb: Wer hat den stärkeren Willen? Sie oder Ihr Hund? Es ist meistens einfacher, den Hund in der Badewanne oder der Dusche abzuduschen, als ihn davon zu überzeugen, ein Vollbad zu nehmen. Außerdem müssen Sie die Seife nachher sowieso wieder ausspülen. Bürsten Sie Ihren Hund gründlich, bevor Sie ihn baden. Legen Sie eine Gummimatte in die Badewanne oder die Dusche, damit er auf dem glatten Untergrund nicht ausrutscht. Legen Sie außerdem ein großes, altes Handtuch neben der Badewanne oder Dusche bereit. Duschen Sie den Hund zunächst mit handwarmem Wasser ab, bis er bis auf die Haut durchnässt ist, und shampoonieren Sie ihn dann ein. Achten Sie unbedingt darauf, dass ihm weder Wasser noch Seife in die Augen und Ohren gelangen. Zur Not stopfen Sie etwas Watte in seine Ohren und halten seinen Kopf beim Abduschen hoch/nach hinten, damit nichts in seine Augen läuft. Shampoonieren Sie zuerst Hals und Schultern, massieren Sie dann entlang der Beine über den Rest des Körpers bis zur Rute. Lassen Sie auch die Partie in den Achseln, um die Genitalien und im Analbereich am Rutenansatz nicht aus. Langhaarige Hunde sollten anschließend zusätzlich mit einer Langhaar-Spülung behandelt werden, damit ihr Fell nicht verfilzt. Spülen Sie Ihren Hund dann gründlich ab, bis das Wasser klar und seifenfrei bleibt.

Baden ist nicht gleich Baden – Retrieverwelpen werden von Seen und Pfützen magisch angezogen, von Badewannen aber nie.

### Trocknen

Lassen Sie Ihr Hündchen sich gründlich schütteln, bevor Sie es aus der Wanne heben. Wahrscheinlich werden Sie dabei ebenfalls patschnass, aber hey, niemand hat gesagt, dass Hundehaltung immer ein reines Vergnügen sei. Drücken Sie so viel Wasser aus seinem Fell, wie Sie können, ohne Ihren Hund dabei zu quälen (wenn er hörbar stöhnt, war es zu doll). Rubbeln Sie ihn dann mit dem Handtuch trocken. Für die meisten Hunde ist das der beste Teil des Bades. Vorsicht bei langhaarigen Hunden: Weil das Fell beim wilden Rubbeln völlig verfilzen und verknoten würde, dürfen Sie es nur mit dem Handtuch »ausdrücken«.

Wenn das Wetter warm ist, lassen Sie Ihren Hund nach dem Abtrocknen nach draußen:

Kurzhaarige Welpen wie diese Französische Bulldogge lassen sich nach dem Baden schnell trocken reiben. Bei langhaarigen Hunden dauert das Trocknen länger.

Bei langhaarigen Welpen wie Collies dauert das Trocknen recht lange. Das nasse Fell darf nach dem Baden nicht einfach trocken gerubbelt werden, weil es sonst verfilzt.

Er wird wie ein Wahnsinniger herumrasen und auf diese Weise gut trocknen.

Wenn es draußen dagegen kalt ist, lassen Sie Ihren Hund nach dem Baden erst einmal in der warmen Wohnung, wo er ebenfalls wie angestochen durch die Gegend rennen, sich auf Teppichen wälzen und sich generell benehmen wird wie nach einem längeren Aufenthalt im Exil. Weil der Hund in den nächsten sechs bis acht Stunden nicht mehr nach draußen in die kalte Luft sollte, baden Sie ihn im Winter am besten abends. Bis zum ersten Morgenspaziergang ist er dann garantiert komplett trocken.

Wenn Sie Ihren Hund gerne mit einem elektrischen Haartrockner föhnen wollen, können Sie das tun. Die meisten Hunde fürchten sich allerdings dabei sehr. Stellen Sie Temperatur und »Windstärke« also möglichst niedrig und reden Sie die ganze Zeit fröhlich mit Ihrem Hund, damit er sich nicht zu sehr ängstigt oder sich gleich aus dem Staub macht.

Zum Schluss sollten Sie den Hund noch einmal gründlich bürsten. Denn auch wenn das Baden sehr viele der toten Haare entfernt, lösen sich durch den Badeprozess noch viele, viele weitere tote und lose Haare. Sie lassen sich jetzt leicht ausbürsten.

# Die Körperpflege

Wenn Sie neben Bürsten, Striegeln und Baden auch die Ratschläge auf den folgenden Seiten einigermaßen regelmäßig befolgen, müssten Sie eigentlich einen rundum gesunden und ziemlich gepflegten Hund haben.

Bei der regelmäßigen Körperpflege entdecken Sie eventuell vorhandene Flöhe, Wunden, Prellungen, Ohren- oder Augenentzündungen und können sie rechtzeitig behandeln, bevor Ihr Hund mit tränendem Auge herumläuft oder die ganze Zeit den Kopf schüttelt, weil er etwas in den Ohren hat.

## OHREN

Sehen Sie sich die Ohren Ihres Hundes regelmäßig an, ganz gleich, ob er Steh- oder Schlappohren hat. Hängeohren mit langem Fell sind zwar insgesamt anfälliger für Verschmutzungen von außen und auch die Belüftung ist schlechter. Dafür haben viele Hunde mit Stehohren häufig einen sehr engen Gehörgang, was ebenfalls für Belüftungsprobleme sorgen und so Entzündungen begünstigen kann.
Reinigen Sie den Außenbereich der Ohren wenigstens einmal in der Woche mit einem feuchten Tuch mit Ohrenreiniger, Klettenöl oder Calendula-Tinktur in der Verdünnung 1:5. Bei langhaarigen Hunden kämmen Sie anschließend die Haare durch, um Verfilzungen vorzubeugen. Achten Sie dabei auf Schmutz und Rötungen.

Bei vielen Hunden wächst das Fell auch im Gehörgang (beim Pudel ist dieses Phänomen zum Beispiel stark ausgeprägt) und verstopft diesen mitunter so, dass Ohrenschmalz nicht nach außen entweichen kann. Deshalb müssen diese Haare regelmäßig von einer geübten Person entfernt werden. Lassen Sie sich vom Züchter oder von einem Hundefriseur zeigen, wie es geht.

Zu einem gesunden und vergnügten Hund gehört auch die entsprechende Pflege. Meist sind dazu aber nur wenige tägliche Handgriffe nötig.

Wenn Sie im Ohr Ihres Hundes eine schwarze, klebrige Flüssigkeit entdecken, die stark riecht, hat er wahrscheinlich eine Ohrenentzündung, die vom Tierarzt behandelt werden muss. Eine Gehörgangsentzündung erkennen Sie außerdem an den folgenden Symptomen:
- der Hund schüttelt häufig den Kopf,
- er kratzt sich mit der Hinterpfote dauernd am Ohr und/oder
- er hält den Kopf schief.

## AUGEN

Die Augen eines Hundes müssen gewöhnlich nicht gesäubert werden. Sie können den »Schlaf« mit einem feuchten Tuch und klarem, warmem Wasser entfernen. Benutzen Sie keinen Kamillentee, wie man es früher gerne machte. Denn mittlerweile weiß man, dass die ätherischen Öle in der Kamille die Augen stark reizen können.

Achten Sie darauf, ob das Auge tränt, gereizt erscheint, rot entzündet ist oder sogar grünlicher Ausfluss in den Augenwinkeln zu sehen ist. In diesen Fällen sollten Sie Ihren Hund zum Tierarzt bringen. Eine Wunde im Auge erscheint normalerweise hellblau. Wenn Sie eine farbliche Veränderung bemerken, bringen Sie Ihren Hund sofort und so schnell Sie können zum Tierarzt!

## ZÄHNE

Auch Hunde müssen Zähne putzen, um geruchsbildende Bakterien, Ablagerungen und Plaque (ein klebriger Bakterienfilm auf den Zähnen) zu entfernen und Zahnstein und Entzündungen vorzubeugen. Und natürlich können Sie das nicht selbst machen, wir müssen das übernehmen. Und ja: Früher hat man das auch nicht gemacht. Und ja: Der Wildhund oder der Wolf putzen sich die Zähne auch nicht. Aber tatsächlich werden wildlebende Hundesorten auch selten sehr alt; auch der Durchschnittswolf wird gewöhnlich nur fünf, sechs Jahre alt. Erinnern Sie sich daran, als Sie das letzte Mal richtig Zahnweh hatten. Wollen Sie diesem schrecklichen Zustand bei Ihrem Hund nicht lieber vorbeugen?

Dem Hund regelmäßig Markknochen, rohe Puten- oder Hühnerhälse zu füttern sorgt vorbeugend für den Abbau von Zahnstein. Es gibt zudem extra Hundezahnbürsten und -zahnpasta (gerne auch mit Hähnchengeschmack). Sie eignen sich am besten für große Hunde, die im Zähneputzen geübt sind. Ich persönlich verwende für Welpen und kleinere Hunde am liebsten antimikrobielle Zahnpflege-Fingerlinge, die ich vorher anfeuchte. Streifen Sie einen solchen Fingerling über den Zeigefinger und fixieren Sie die Schlaufe am Mittelfinger. Dann säubern Sie mit kreisenden Bewegungen Zahn für Zahn und massieren dabei auch sein Zahnfleisch.

## Pflegeartikel

**Das brauchen Sie:**
- Flohkamm, Gummistriegel
- Bürste (mit Draht- oder Naturborsten)
- Zahnbürste / Zahnfingerling
- Hundezahnpasta
- Gummimatte
- Babyschere (mit abgerundeten Spitzen)
- Hundeshampoo
- weicher Lappen
- Ohrenreiniger
- mehrere ausrangierte Frotteehandtücher

**Diese Liste finden Sie zum Herunterladen auf:**
**www.gu.de/welpen-praxisbuch**

Zähneputzen finden junge Hunde genau wie kleine Kinder eher doof. Mit einem Zahnpflege-Fingerling kann man aus der lästigen Pflicht eine angenehme Zahn- und Zahnfleischmassage machen. Auf diese Weise bekommen Sie auf entspannte Art, was Sie möchten.

Putzen Sie schon beim Welpen die Zähne mindestens zweimal in der Woche. Es geht dabei weniger darum, tatsächlich Zahnstein zu entfernen – ein Welpe kann eigentlich noch gar keinen Zahnstein aufbauen. Das Hündchen soll sich aber an diese Prozedur gewöhnen. Später genügt es bei den meisten Hunden, ihre Zähne zwei- bis dreimal in der Woche zu putzen. Wenn Ihr Hund stets strahlend weiße Zähne hat, ist sogar einmal schrubben pro Woche schon ausreichend. Es ist wirklich wichtig, dass Ihr Hund lernt, sich all diese für ihn seltsamen Handgriffe gefallen zu lassen. Wenn er derlei später nicht duldet, wird ihn kein Tierarzt untersuchen können, ohne ihm vorher ein Beruhigungsmittel zu verabreichen. Im Zweifelsfall kann

es um sein Leben gehen: Oder wollen Sie Ihrem Hund beim Ersticken zusehen, weil er es leider nicht zulässt, dass Sie seine Schnauze öffnen, nachdem sich beim Spielen ein Stock quergeschoben oder in seinen Gaumen gerammt hat?

## KRALLEN SCHNEIDEN

Im normalen Leben laufen sich Hunde ihre Krallen auf hartem Asphalt für gewöhnlich selbst ab. Hunde, die hauptsächlich auf weicherem Untergrund laufen (wie zum Beispiel Waldwege und Wiesen), brauchen dagegen von Zeit zu Zeit eine Pediküre. Wolfs- beziehungsweise Afterkrallen müssen in jedem Fall regelmäßig geschnitten werden.

Bei sehr dunklen Krallen und sehr zappeligen Welpen ist es besser, die Krallen von einem Tierarzt schneiden zu lassen, um die Blutgefäße nicht zu verletzen.

Lassen Sie sich das Krallenschneiden anfangs möglichst einmal von Ihrem Tierarzt zeigen. Denn in der Kralle liegen Blutgefäße und Nerven. Um diese nicht zu verletzen, sind eine gewisse Vorsicht und Fachkenntnis geboten. Bei hellen Krallen kann man das Blutgefäß recht deutlich erkennen. Bei dunklen können Sie es sichtbar machen, indem Sie die Kralle von unten mit einer Taschenlampe anleuchten. Markieren Sie dann mit einem dunklen Filzstift den Anfang des Gefäßes. Verwenden Sie außerdem eine scharfe Krallenzange aus dem Zoofachhandel, um zu vermeiden, dass die Krallen splittern oder gequetscht werden.

Gehen Sie beim Schneiden in kleinen Schritten und am besten zu zweit vor: Halten Sie den Welpen auf Ihrem Schoß, während eine andere Person die kleine Pfote in die Hand nimmt und die Kralle vorsichtig waagerecht abschneidet. Geben Sie Ihrem Welpen anschließend einen Keks oder ein anderes Leckerchen und machen Sie dann weiter, damit er es für eine amüsante Sache hält, dass Sie an seinen Pfoten herumfummeln.

Wenn Sie versehentlich zu tief geschnitten haben, helfen blutstillende und desinfizierende Mittel aus dem Tierfachhandel. Achten Sie dann in den kommenden Tagen darauf, dass die Wunde sich nicht infiziert hat – in diesem Fall müssten Sie zum Tierarzt.

## ANALDRÜSEN

Wenn es um die Pflege des Hundes geht, ist es manchmal schwierig, sich auf einigermaßen gepflegtem Niveau zu unterhalten. Aber Hunde besitzen nun einmal Analdrüsen, die sich

Der Pflegeaufwand sehr kurzhaariger Hunde wie dieser Whippet-Welpen ist kaum der Rede wert. Bei langhaarigen Hunden kann er deutlich mehr Zeit in Anspruch nehmen.

auf beiden Seiten der Analöffnung befinden. Diese Drüsen produzieren ein dickflüssiges, unangenehm riechendes Sekret. (Hunde finden das übrigens nicht. Der für sie wundervolle und wichtige Duft ist sozusagen ihr Personalausweis und der Grund, weshalb sie einander zur Begrüßung gleich gegenseitig am Hinterteil riechen).

Jedenfalls kann es vorkommen, dass diese Analdrüsen verstopfen, besonders bei kleinen Rassen. Weil dies für das Tier recht unangenehm ist, beginnt es mit dem Po über den Boden »Schlitten zu fahren« oder diese Gegend exzessiv zu belecken – all das ist normalerweise ein Zeichen dafür, dass die Analdrüsen zu voll sind und dringend ausgedrückt werden müssen.

Ihr Tierarzt kann Ihnen diese einfache, aber wenig angenehme, weil ziemlich stinkige Prozedur mit geübtem Griff abnehmen.

Wenn Sie allerdings die Fahrt zur Praxis und etwas Geld sparen wollen, können Sie es auch selbst machen. Dazu heben Sie mit einer Hand die Rute Ihres Hundes und drücken mit Daumen und Zeigefinger (und Küchenpapier dazwischen) der anderen Hand jeweils sanft neben der Analdrüse. Daraufhin müsste das Sekret austreten. Wischen Sie danach die Umgebung vorsichtig ab. Die ganze Prozedur ist einfach, erfordert allerdings einige Übung. Am besten ist es, wenn Sie sich einmal vom Tierarzt genau zeigen lassen, wie es geht, um es dann in Zukunft selbst zu machen.

Verstopfte Analdrüsen können sich entzünden und müssen dann vom Tierarzt behandelt werden. Auch wenn das Sekret blutig oder grünlich aussieht (das Drücken der Drüsen wird dem Hund dann sicherlich wehtun), sollten Sie die weitere Behandlung dem Tierarzt überlassen.

# SO BLEIBT DER WELPE GESUND

# Kerngesund von Anfang an

Wir sind nicht nur dafür verantwortlich, dass das Fell unseres Hundes glänzt, seine Augen leuchten und seine Ohren sauber sind. Er muss auch etwa alle sechs Monate entwurmt und regelmäßig geimpft werden.

Vieles hängt von der richtigen Ernährung ab, aber auch davon, wie Sie mit dem kleinen Hund umgehen. Gehen Sie sanft mit seinem Körper um, veranstalten Sie nichts mit ihm, was Sie mit einem Kleinkind nicht auch machen würden: Nehmen Sie ihn niemals an den Vorderpfoten hoch, weil Sie so seine Vorderläufe auskugeln könnten. Lassen Sie ihn nicht von Möbeln springen, weil das seine Vorderlaufsgelenke stauchen könnte. Machen Sie keine langen Spaziergänge mit ihm, sie würden seine Knochen und Gelenke noch viel zu sehr belasten. Spielen ist viel weniger anstrengend für den Knochenbau als Gehen oder Rennen. Wenn Sie Ihren Hund beim Spielen genau beobachten, wird Ihnen auffallen, wie oft er sich zwischendurch hinlegt und die Spielkameraden an sich vorbeilaufen lässt. Er braucht einfach noch viele Pausen.

## DAS ERSTE MAL BEIM TIERARZT

Wenn der Welpe dann bei Ihnen zu Hause angekommen ist, sollten Sie ihn innerhalb der ersten drei, vier Tage dem Tierarzt vorstellen. Bringen Sie zu diesem Termin außer dem Impfpass, den Sie bei der Übergabe Ihres Welpen bekommen haben, auch eine Stuhlprobe in einem kleinen, sauberen Gläschen mit Deckel mit. Der Tierarzt wird den Kot darin auf Parasiten untersuchen und möglicherweise noch eine Wurmkur mit Ihrem Hund machen. Er wird außerdem die Lymphdrüsen abfühlen, die Herztöne abhören und grundsätzliche körperliche Dinge feststellen, wie das Gewicht und die Körpertemperatur. Er wird sich Zähne und Zahnfleisch ansehen, das Fell Ihres Welpen auf Flohkot untersuchen und mit Ihnen besprechen, was zu tun ist.

## SCHUTZIMPFUNGEN

Impfungen sind eine sehr wirkungsvolle und schonende Methode, um bestimmte schwere Infektionskrankheiten zu verhindern. Sie sind daher schon beim ersten Tierarztbesuch ein Thema. Sicher gibt es Impfgegner, deren Hunde auch gesund bleiben – solange sie das Glück haben, in einem durchgeimpften

Hundeumfeld zu leben. Ich persönlich betrachte es aber als grob fahrlässig, einen Hund nicht gegen die bekannten Seuchen impfen zu lassen. Es gibt keinen vernünftigen Grund, seinen Hund einem solchen Risiko auszusetzen. Ich kann mir eine solche Einstellung daher nur damit erklären, dass diese Menschen noch nie gesehen haben, wie ein Hund an Staupe, Hepatitis, Parvovirose, Leptospirose oder Tollwut zugrunde geht (mehr zu diesen gefährlichen Infektionskrankheiten siehe Seite 106–109). Regelmäßige Schutzimpfungen sind die beste Vorbeugung.

Die Lebenserwartung eines Hundes hängt von seiner Größe ab (große Hunde werden meist weniger alt als kleine), seiner Ernährung, der optimalen medizinischen Versorgung und von psychischen Faktoren: Ein Hund, der geliebt wird, lebt in der Regel länger.

Welpen geimpfter Hündinnen nehmen die Antikörper gegen diese meist tödlich verlaufenden Krankheiten mit der Muttermilch auf und sind dadurch gewöhnlich bis zur achten Lebenswoche immun. Dieser »Nestschutz« wird zerstört, wenn die Welpen zu früh geimpft werden. Deshalb sollte erst im Alter von acht Wochen mit der Grundimmunisierung begonnen werden.
Welpen von unzureichend geimpften Müttern (etwa Welpen von Straßenhunden aus dem Tierschutz) kann man mit einer sogenannten passiven Impfung schon ab der vierten Lebenswoche kurzfristig schützen. Sie

bekommen vom Tierarzt ein Serum, das die gleichen Antikörper enthält wie die Muttermilch geimpfter Hündinnen. Dieser Schutz hält circa drei Wochen an und muss dann durch die reguläre Impfung ergänzt werden.

## IN WELCHEM RHYTHMUS WIRD GEIMPFT?

Bisher wurde häufig nach einem sehr starren Schema geimpft. Dadurch waren die Tiere zwar geschützt, sie wurden aber auch viel häufiger als notwendig geimpft. Die Leitlinie der Ständigen Impfkommission betont ausdrücklich die Notwendigkeit einer umfassenden Grundimmunisierung für alle Welpen in den ersten zwei Lebensjahren sowie die anschließende regelmäßige, aber nicht zwangsläufig jährliche Wiederholungsimpfung gegen relevante Erreger.
Die von den wissenschaftlichen Mitgliedern der Ständigen Impfkommission Veterinär (StIKo Vet.) ausgearbeiteten Empfehlungen (siehe: www.dgk-dvg.de/download/Leilinie_zur_Impfung_von_Kleintieren.pdf ) entsprechen daher teilweise nicht den Anwendungsempfehlungen der Hersteller auf den Packungsbeilagen (wobei sich Hersteller vor allem auf die jeweilige Rechtslage berufen müssen). Sie basieren jedoch ausdrücklich auf wissenschaftlichen Erkenntnissen.
Es ist wichtig, dass Sie mit Ihrem Tierarzt über die notwendigen Impfungen sprechen. Er weiß auch, welche Schutzmaßnahmen in Ihrer Gegend oder dort, wo Sie die Ferien mit dem Hund verbringen wollen, relevant sind. Anstatt regelmäßig Booster-Impfungen zu verabreichen, können Sie beim erwachsenen

Hund auch den Antikörpertiter im Blut bestimmen lassen, der die Konzentration der Antikörper im Blut widergibt. Ist er hoch genug ist, brauchen Sie den Hund nicht impfen.

## Grundimmunisierung und Wiederholungsimpfungen

Grundsätzlich sollten Hundewelpen eine vollständige »Grundimmunisierung« erhalten. Zu dieser zählen alle Impfungen in den beiden ersten Lebensjahren.

- Im Alter von 8 Wochen: HCC, Leptospirose, Parvovirose, Staupe
- Mit 12 Wochen: HCC, Leptospirose, Parvovirose, Staupe, Tollwut
- Mit 16 Wochen: HCC, Leptospirose, Parvovirose, Staupe, Tollwut
- Mit 15 Monaten: HCC, Leptospirose, Parvovirose, Staupe, Tollwut

Bei der Impfung werden abgeschwächte oder tote Infektionserreger geimpft, auf die der Körper mit der Bildung von Abwehrkörpern reagiert. Kommt ein geimpfter Hund mit einem Virusträger in Kontakt, wird die Antikörperbildung wieder aufgefrischt. Hat sich der Impfschutz allerdings abgebaut, kann der Körper nicht schnell genug Abwehrstoffe bilden und erkrankt. Aus diesem Grund sind regelmäßige Auffrischungsimpfungen nötig.

- Leptospirose: Jährliche Wiederholungsimpfungen werden empfohlen, denn es ist tatsächlich nicht ganz sicher, wie lange die Impfstoffe schützen (bei einigen geht man lediglich von sieben bis neun Monaten aus). Außerdem gibt es mittlerweile Leptospirose-Keime (Serovare), gegen welche die erhältlichen Impfstoffe nicht wirklich schützen können. Allerdings verläuft eine eventuelle Erkrankung in jedem Fall deutlich milder bei geimpften Hunden.
- HCC, Parvovirose, Staupe: Nach den derzeitigen wissenschaftlichen Erkenntnissen sind ab dem zweiten Lebensjahr Wiederholungsimpfungen im Dreijahresrhythmus ausreichend.
- Tollwut: Nach Änderung der Tollwut-Verordnungen gilt ein dreijähriger Rhythmus derzeit als ausreichend.

Bevor sie von zu Hause aus- und ins neue Heim einziehen, müssen Welpen unbedingt die erste Grundimmunisierung bekommen.

Das Gras ist immer grüner auf der anderen Seite, das ist ja wohlbekannt. Und Hürden sind dazu da, um überwunden zu werden. Ein gesunder Welpe ist äußerst erkundungsfreudig – und kann dabei auch mal etwas aufschnappen. Deshalb ist es wichtig, dass er geimpft ist und sich im Notfall behandeln lässt.

## EINGABE VON MEDIKAMENTEN

Leider lässt es sich nicht immer vermeiden, dass Sie Ihrem Welpen Medizin verabreichen müssen. Diese »Behandlungen« sollten eher nebenbei und mit einem leichten Lächeln auf den Lippen ausgeführt werden, damit Ihr Hund nicht den Eindruck bekommt, Tabletten, Salben oder dergleichen seien Sachen, worüber er sich groß Gedanken machen sollte. Lenken Sie ihn irgendwie ab. Das alles ist ja nur zu seinem Besten.

### Tabletten

Die einfachste Art, einem Hund eine Tablette zu geben: Man wickelt sie in ein Stück Wurst oder Käse und reicht ihm dieses als Leckerli.

Hunde sind Schlinger und fragen meistens nicht lang nach der Füllung einer besonderen Belohnung. Sicherheitshalber sollten Sie Ihren Welpen aber trotzdem beobachten, ob die Tablette wirklich den gleichen Weg geht wie die Belohnung.

Sollte er es tatsächlich schaffen, die Pille von der Wurst zu trennen und sie immer wieder auszuspucken, müssen Sie sein Maul weit öffnen und seinen Kopf nach hinten ziehen. Legen Sie die Tablette so weit wie möglich hinten auf seine Zunge, lassen Sie ihn das Maul schließen, halten Sie die Schnauze mit wenig Druck zu und massieren Sie seinen Hals, bis Sie sehen, dass er schluckt. Achten Sie darauf, dass die Tablette wirklich weg ist.

### Flüssige Arznei

Flüssige Medikamente verabreichen Sie am einfachsten mit einer Spritze ohne Nadel (vom Tierarzt oder aus der Apotheke). Füllen Sie die Spritze mit der erforderlichen Menge Arznei, halten Sie die Schnauze Ihres Hundes sanft zu und schieben Sie die Spritze dann zwischen Zähne und Backen in seinen Maulwinkel. Jetzt drücken Sie ab. Auf diese Weise verhindern Sie, dass Ihr Hündchen die Flüssigkeit einatmet und sich verschluckt.

### Salben

Um Augensalbe einzugeben, ziehen Sie das untere Augenlid vorsichtig mit einem Finger nach unten außen. Dabei bildet sich eine kleine »Tasche«, in die Sie die erforderliche Menge Arznei drücken. Wenn Ihr Hund blinzelt, wird sich die Salbe im Auge verteilen. Hautsalbe aufzutragen ist noch einfacher: Teilen Sie das Fell an der betroffenen Stelle und tragen Sie die Salbe so gut Sie können auf die Haut auf. Sollte die Haut rau oder offen sein, müssen Sie besonders vorsichtig sein, um dem Hund nicht wehzutun. Die wahre Herausforderung liegt darin sicherzustellen, dass die Salbe auch auf dem Hund bleibt. Sein erster Instinkt wird es nämlich sein, die Salbe sofort abzulecken und damit die Wunde oder geschädigte Partie weiter zu reizen. Ganz abgesehen davon, dass er dabei die Wirkung der Arznei zunichtemacht. Um dies zu verhindern, können Sie beim

Tierarzt einen dieser Plastikkrägen besorgen, die optisch ein wenig an die Mode zu Zeiten Elisabeth I. erinnern.

Dank dieser Krägen kommen Hunde nicht mehr an ihre Gliedmaßen und können dementsprechend nicht mehr an ihren Wunden lecken oder Verbände abnagen. Die Tiere hassen die Dinger natürlich, weil sie sie noch dazu in ihrer Bewegungsfreiheit einschränken und Krach machen, wenn sie damit an Stuhlbeine und Türpfosten anrempeln. Aber wenigstens wird die Wunde schneller heilen.

Ist das Hündchen gesund, freut sich der Mensch. Diesem Dackel sieht man auf den ersten Blick an, dass er sich wohlfühlt.

# Häufige Krankheiten

Zu unseren Aufgaben als verantwortungsvolle Hundehalter gehört, dass wir uns unsere Hunde genau ansehen und sie bei auftretenden Krankheiten bestmöglich unterstützen.

## ALLERGIEN

Auch Hunde können verschiedene allergische Reaktionen in unterschiedlicher Schwere entwickeln. Sie können durch zahllose Faktoren (Allergene) ausgelöst werden, etwa Pollen, Flöhe, Staub, Wolle, Futtermittel … Manche Hunde sind sogar gegen Katzen allergisch. Eine Allergie zeigt sich in Symptomen wie Schwellungen unter der Haut, Asthma, starkem Juckreiz oder geschwollenen Partien um die Augen oder die Schnauze. In letzterem Fall ist Ihre schnelle Reaktion gefragt, weil meist auch die Atemwege anschwellen, was lebensgefährlich werden kann.
Jede Allergie sollte vom Tierarzt oder einem Tierheilpraktiker behandelt werden. Vorsicht bei vorschnellen Diagnosen wohlmeinender Hundefreunde: Gerade bei sogenannten Futterallergien handelt es sich häufig nur um Unverträglichkeiten. Echte Futtermittelallergien sind sehr selten und machen bei Hunden nur etwa ein Prozent aus.

## DURCHFALL

Ein Hund hat meistens nur dann Durchfall, wenn er irgendetwas gefressen hat, das er nicht fressen sollte. Bei einem erwachsenen oder beinahe erwachsenen Hund ist die beste Kur, ihn für 24 Stunden auf Nulldiät zu setzen und ihm daran anschließend zwei Tage lang Schonkost in Form von gekochtem Hühnerfleisch vorzusetzen. Auch der Welpe sollte möglichst einen Tag lang nichts fressen. Der Grund hierfür ist: Die Darmschleimhaut, die im Falle von Durchfällen für gewöhnlich entzündet ist, muss sich beruhigen können. Sie ist eine natürliche Schutzbarriere, die verhindert, dass Nahrungsmoleküle ins Blut übergehen können. Passiert dies, erkennt das Immunsystem sie als fremd und reagiert entsprechend darauf. Dadurch können Allergien gegen diese Nahrungsmittel entstehen. Solange der Durchfall nur breiig ist, was auch durch Stress oder Aufregung verursacht werden kann, füttert man ihm einen Tag lang in kleinen Portionen ebenfalls gekochtes Hühnchenfleisch und gibt ihm dazu ein pflanzliches Durchfallmittel aus der Apotheke (zum Beispiel Stullmisan® Pulver). Es hilft häufig sehr gut und kann keinesfalls schaden. Hält der Durchfall allerdings länger als einen Tag an, ist er richtig flüssig und/oder ist Blut dabei, gehen Sie bitte mit Ihrem Welpen zum Tierarzt. Denn auch wenn Durchfall in der Regel nur das Zeichen für Bauchweh ist, kann

Irgendwann hat jeder Hund ein Zipperlein, besonders im ersten Jahr. Damit es nicht ernst wird, sollten Sie zügig handeln und falls nötig auch rasch zum Tierarzt gehen. Denn ein Welpe hat noch nicht so viele Widerstandskräfte.

er doch auch ein Symptom für ein ernsthafteres Problem sein.

Achten Sie darauf, dass Ihr Hund nicht austrocknet: Durchfall entzieht dem Körper sehr viel Flüssigkeit, was vor allem für junge Hunde gefährlich ist. Ziehen Sie an seiner Haut: Wenn sie gleich wieder elastisch zurückspringt, ist Ihr Hund in Ordnung. Wenn sich die Haut irgendwie »steif« anfühlt und nur langsam zurückfällt, ist er dehydriert und Sie müssen sofort zum Tierarzt. Dort kann man Ihrem Hund intravenös Flüssigkeit zuführen.

## ERBRECHEN

Erbrechen ist beim Hund erst einmal nichts Ungewöhnliches und normalerweise lediglich ein Hinweis darauf, dass er etwas Unverträgliches erwischt oder zu schnell gefressen hat. Auch nach dem Fressen von Gras erbrechen Hunde sich regelmäßig, was direkt ein Ritual für sie zu sein scheint (möglicherweise um den Magen zu säubern?).

Beobachten Sie Ihren Hund. Wenn er mehr als zwei-, dreimal in Folge erbricht, sollten Sie Ihren Tierarzt verständigen, da dies ein Hinweis auf eine ernstere Erkrankung sein könnte. Wenn sich Blut im Erbrochenen befindet, müssen Sie sofort zum Tierarzt.

### Reiseübelkeit

Viele Welpen leiden darunter, dass ihnen beim Autofahren schlecht wird. Meist verschwindet diese »Krankheit« wieder, sobald die Hunde ausgewachsen sind. Bis dahin ist es wichtig, dass sich das Unwohlsein nicht so im Kopf des Welpen festsetzt, dass ihm schon beim bloßen Anblick des Autos übel wird. Fahren Sie kurze Strecken – vielleicht nur einmal um den Block –, damit er sich an das

Schaukeln gewöhnt, ohne Zeit für Übelkeit zu haben. Sorgen Sie dafür, dass am Ende der Fahrt etwas Positives, Schönes passiert: ein Spaziergang, ein Besuch am See oder Ähnliches. Sehr hilfreich gegen Übelkeit ist übrigens Pfefferminzöl: Ein paar Tropfen ätherisches Pfefferminzöl in die Lüftung des Autos geträufelt hilft wahre Wunder.

## HITZSCHLAG

Wenn ein Hund im heißen Auto warten muss oder man bei sehr hohen Temperaturen wild mit ihm spielt, kann er einen Hitzschlag bekommen. Die Symptome: rasendes Hecheln, Erbrechen und Kreislaufkollaps. In diesem Fall müssen Sie Ihren Hund sofort kühlen. Wickeln Sie ihn in kalte Handtücher oder legen Sie ihn in die Badewanne und duschen Sie ihn mit kühlem (nicht kaltem!) Wasser ab. In der Zwischenzeit rufen Sie Ihren Tierarzt an, der Ihnen weitere Instruktionen geben wird. Wahrscheinlich muss er dem Tier kreislaufstabilisierende Mittel geben.
Damit es nicht so weit kommt: Lassen Sie Ihren Hund bei Temperaturen über 22 °C niemals allein im Auto sitzen, nicht einmal für kurze Zeit und bei geöffneten Fenstern. Kurznasige Hunde wie Boxer, Bulldoggen oder Möpse sollten Sie bei heißen Temperaturen tagsüber in Ruhe lassen. Machen Sie Ihre Spaziergänge am kühlen Morgen und Abend. Das ist für den Hund sehr viel gesünder.

## INFEKTIONSKRANKHEITEN

Die meisten dieser gefährlichen Krankheiten kommen, Gott sei Dank, bei uns kaum noch vor, weil die meisten Hunde regelmäßig geimpft werden (siehe Seite 99 ff.). Erst in letzter Zeit sind durch Importe von »Billigwelpen« aus Osteuropa auch hierzulande wieder vermehrt Staupe und Hepatitis bei

Ein Hund, der auffällig schlapp und müde wirkt (auch nach dem Ausruhen), sollte sofort dem Tierarzt vorgestellt werden.

Hunden aufgetreten. Viele dieser Welpen kommen unter unwürdigen Umständen in entsetzlichen »Welpenfabriken« auf die Welt, geboren von Müttern, die ihr Leben in Käfigen verbringen – ungeimpft, schlecht ernährt und dadurch mit einem miserablen Immunsystem ausgestattet. Die Jungen werden viel zu früh von ihren unglücklichen Müttern getrennt, sie haben gewöhnlich gefälschte Impfpässe und häufig auch noch Kontakt mit infizierten Hunden.

## Bordatella

Bordatella oder »Zwingerhusten« wird von Hund zu Hund übertragen und ist normalerweise nicht schlimmer als eine Grippe beim Menschen. Die Krankheit wird durch eine Mischung aus verschiedenen Viren und Bakterien verursacht und vom Tierarzt mit Antibiotika behandelt.

Die Symptome von Bortadella sind ein kurzer, harter, trockener Husten, der manchmal von Ausfluss aus der Nase begleitet wird. Während erwachsene Hunde relativ schnell darüber hinwegkommen, brauchen Welpen viel Wärme in nicht zu trockener Umgebung (verwenden Sie einen Luftbefeuchter!).

In Hundekindergärten oder Hundepensionen kann sich die Infektionskrankheit in Windeseile ausbreiten, denn Zwingerhusten ist sehr ansteckend. Auch wenn Sie Ihren Hund in einer Hundepension unterbringen wollen, sollten Sie ihn gegen Zwingerhusten impfen lassen. Allerdings kann es sein, dass er sich trotzdem ansteckt: Wie bei Grippe ändert sich auch der Bordatella-Virus immer wieder, sodass es schwierig sein kann, den passenden Impfstoff zu finden.

## Hepatitis

Die ansteckende Leberentzündung wird durch infizierten Urin, Kot oder Speichel von Hund zu Hund übertragen und verläuft ähnlich wie Staupe (siehe Seite 108): Der vor Kurzem infizierte Hund bekommt gerötete Augen, Nasen- und Augenausfluss und hohes Fieber. Er wird apathisch, frisst nicht mehr und kann in besonders schweren Fällen sogar ins Koma fallen.

Innerhalb von sechs bis zehn Tagen wird der Hund entweder sterben oder sich erstaunlich schnell erholen. Als dauerhafter Schaden bleiben häufig Hornhauttrübungen zurück.

## Leptospirose

Die Leptospirose gehört weltweit zu den am meisten verbreiteten Infektionskrankheiten, die sowohl Tiere als auch Menschen befallen können. Sie überträgt sich durch Kontakt mit dem Blut oder Urin infizierter Tiere (meist Ratten oder Mäuse), am häufigsten aber durch infizierten Urin in Pfützen oder stehenden Gewässern. Leptospirose äußert sich durch Fieber, meist blutigen Brechdurchfall und Gelbsucht und kann in akuten Fällen schnell tödlich verlaufen.

Normalerweise wird jeder Hund regelmäßig mit dem üblichen Fünffach- oder Sechsfachimpfstoff dagegen geimpft. In den letzten Jahren hat sich aber leider herausgestellt, dass die Krankheit immer noch aktuell ist. Der Grund: Die üblichen Impfstoffe schützen entgegen der Versicherung der Hersteller meist keine zwölf, sondern häufig nur sieben bis neun Monate. Laut der Ständigen Impfkommission Vet. macht es meist Sinn, Leptospirose alle sechs Monate nachzuimpfen.

## Parvovirose

Parvovirose wird oft auch »Katzenseuche« genannt, hat damit allerdings nichts zu tun. Der Parvovirus ist erst seit 1978 bekannt, mittlerweile aber überall auf der Welt zu Hause. Er wird durch Kontakt mit Ausscheidungen infizierter Hunde übertragen (man kann ihn auch an den Schuhen in die Wohnung bringen). Angeblich können sogar gesunde Hunde, die nur Virusträger sind, die Krankheit auf andere Hunde übertragen. »Parvo« beginnt grippeähnlich mit hohem Fieber, blutigem Durchfall und Erbrechen. Bei jungen Hunden kann ein plötzlicher Herztod auftreten. Insgesamt ist die Gefahr des Todes durch Austrocknung aufgrund des Flüssigkeitsverlusts durch Durchfall und Erbrechen hoch. Leider gibt es keine wirklich wirksame Behandlung. Manche Hunde erkranken nur relativ leicht und erholen sich gut, bei anderen bleiben lebenslang Darmstörungen zurück, wieder andere sterben.

## Staupe

Die Viruskrankheit, die besonders für junge Hunde gefährlich ist, galt lange Zeit als ausgerottet und viele Tierärzte haben bis vor nicht allzu langer Zeit nie einen an Staupe erkrankten Hund zu Gesicht bekommen. In den letzten Jahren ist die Infektionskrankheit leider aber wieder vermehrt vorgekommen – eingeschleppt wahrscheinlich durch Welpen von unseriösen Tierhändlern, die Hunde mit gefälschten Papieren und ohne Impfschutz aus Osteuropa verkaufen.

Die Inkubationszeit zwischen dem Kontakt mit dem Virenträger und dem Ausbruch der Krankheit beträgt rund zwei Wochen.

Staupe beginnt grippeähnlich mit etwas Fieber, das aber bald wieder nachlässt, sodass der Hund wieder gesund scheint. In der nächsten Phase allerdings wird er richtig und offensichtlich krank: Er bekommt (manchmal blutigen) Durchfall und erbricht sich. Es folgen dicker eitriger Augen- und Nasenausfluss, die das Auge oft ganz verkleben und die Atmung erschweren. Der Hund wird apathisch und hört auf zu fressen. Durch die Kombination Durchfall-Erbrechen-Nahrungsverweigerung trocknet das Tier meistens sehr rasch aus. Krämpfe und Spasmen des Kopfes begleiten die übrigen Symptome. Auch wenn der Tierarzt die Krankheit in den Griff bekommt, dauert sie meist viele Wochen an. Im Laufe der Zeit bessert sich das Krankheitsbild zwar scheinbar, aber fast immer folgt darauf ein weiterer Rückfall mit Krämpfen und anderen Nervenzuckungen, die sogar zum Tod führen können. Und selbst wenn der Hund die Staupe überlebt, bleiben häufig Nervenschädigungen oder das »Staupegebiss« mit erheblichen Zahnschmelzschädigungen zurück.

## Tollwut

Diese Viruskrankheit kann durch den Speichel eines infizierten Hundes, Fuchses, Waschbären oder einer Fledermaus übertragen werden. Weil sie auch auf den Menschen übertragbar ist, sind nach Kontakt mit einem infizierten Tier mehrere schmerzhafte Seruminjektionen nötig.

Die Symptome können mit Verhaltensveränderungen beginnen: Ein schüchterner Hund wird vielleicht aggressiv, ein lebhafter, extrovertierter Hund erscheint möglicherweise plötzlich sehr schüchtern. Der Hund wird immer apathischer und unansprechbarer, lässt sich nicht mehr anfassen und leidet unter Durchfall und Erbrechen. Schließlich kollabiert er, fällt ins Koma und stirbt.

Weil keine Behandlungsmethode gegen Tollwut bekannt ist und eine Erkrankung immer zum Tod führt, sind Tollwutimpfungen gesetzlich vorgeschrieben und müssen nach der Grundimmunisierung regelmäßig alle drei Jahre durchgeführt werden. Und wenn Ihnen im Wald ein Tier auffallen sollte, das sich merkwürdig benimmt (ein Fuchs oder Waschbär, der auf Sie zukommt oder irgendwo sitzt und nicht wegläuft, wenn Sie näher kommen), rufen Sie umgehend den zuständigen Förster, das Rathaus oder die Polizei an.

sie möglichst schnell wieder loswird. Unbehandelt können sie dem Hund allerdings stark zusetzen, weil er durch den ständigen Juckreiz gestresst und dadurch auf Dauer geschwächt werden kann. Zudem kann er Flohallergien entwickeln und Entzündungen oder Würmer bekommen, die wiederum sein Immunsystem schwächen, weil wichtige Nährstoffe nicht in ausreichender Menge beim Hund ankommen.

### Flöhe

Dass sich der gewöhnliche Hundefloh angeblich nicht für Menschen interessiert (sowenig wie Katzenflöhe auf Menschen oder Hunde gehen sollen), halte ich persönlich für einen frommen Wunsch. Wenn der Floh gerade

## INSEKTENSTICHE

Hunde reagieren häufig sehr stark auf Wespen- oder Bienenstiche. Ihr Kopf schwillt an und mit ihm auch die Atemwege. Damit sie nicht ersticken, müssen sie sofort mit einer Injektion oder einem Antihistamin behandelt werden. Fahren Sie daher so schnell Sie können mit dem Hund zum Tierarzt.

## PARASITEN

Parasiten sind Schmarotzer, die im Laufe eines Hundelebens immer wieder mal auftauchen. Sie sind relativ harmlos, solange man

Auf sehr kurzhaarigen oder hellen Hunden kann man Flöhe und Zecken leicht erkennen, wie bei diesem Whippet-Welpen.

Flöhe hüpfen gerne von Wirt zu Wirt, zum Beispiel wenn zwei Hunde miteinander spielen. Sie lassen sich heutzutage zum Glück aber leicht behandeln.

nichts Besseres zur Verfügung hat, interessiert ihn die Quelle seiner Mahlzeit wenig, wie man an den kleinen runden, meist im Dreier-Pack auftretenden Stichen um die Fußknöchel feststellen kann, die scheußlich jucken. Beim Hund verursachen Flohbisse nicht nur Hautreaktionen wie Allergien und Juckreiz, auch der Bandwurm wird durch Flöhe übertragen (siehe Seite 111 f.).

Die Tierchen können zwei Jahre leben. Sie legen allerdings nur Eier, wenn sie auch das richtige Blut als Nahrung finden. Aus diesem Grund sind die »Flohvermehrungsstätten« meist dort zu finden, wo sich Ihr Hund am meisten aufhält. Flöhe sind normalerweise groß genug, um sie mit dem bloßen Auge als kleine schwarze Punkte zu erkennen, die sich krabbelnd oder hüpfend fortbewegen. Meistens findet man allerdings eher ihre Ausscheidungen: Wenn Sie winzige schwarze Krümel im Fell Ihres Hundes finden, hat er mit ziemlicher Sicherheit Flöhe.

Die bevorzugte Jahreszeit für Flöhe ist der Sommer (zwischen Juni und September). Besorgen Sie sich ein Flohhalsband und Flohspray vom Tierarzt. Von Mitteln aus dem »freien Verkauf« rate ich ab: Flöhe sind zähe Biester, die Mittel sind daher sehr scharf und teilweise giftig (vor allem für Kinder) und dementsprechend nur bedingt verträglich für Ihren Hund. Welpen dürfen überhaupt nur mit Mitteln vom Tierarzt behandelt werden. Wenn Ihr Hund bereits Flöhe hat, waschen Sie ihn mit Flohshampoo und sprühen ihn hinterher mit einem Flohspray ein. Waschen Sie unbedingt auch seine Kissen und Decken, um die Floheier loszuwerden. Ein weiblicher Floh kann 400 000 Eier am Tag legen. Und die wollen Sie ja wohl nicht im Haus haben.

### Milben

Milben sind Schmarotzer, die sich in oder auf der Haut niederlassen. Beim Hund kommt am häufigsten die »Demodex«-Milbe vor, die sich in den Haarbälgen vermehrt und in der Regel keine ausgeprägten Symptome verursacht. Die meisten (ganz gesunden) Hunde beherbergen einige wenige Demodex-Milben in der Haut. Sie wandern schon in den ersten Lebenstagen von der Hündin auf die Welpen. Erst bei einem schwachen Immunsystem (zum Beispiel durch Stress beim Umzug ins neue Zuhause, Wurmbefall oder Impfstress) können sich die Milben vermehren. Zunächst verliert der Welpe am Kopf, um die Augen und an den »Hosen« (Behaarung der Hinterläufe) das Fell. Schließlich rötet und verdickt sich die Haut und vereitert. Dieses Krankheitsbild weitet sich über die gesamte Hautfläche aus. Juckreiz besteht nicht. In der Regel heilt die Haut nach einiger Zeit spontan ab, vor allem dann, wenn abwehrsteigernde Medikamente verabreicht werden. Für Menschen ist Demodex ungefährlich.

Herbstgrasmilben sitzen im Gras und verursachen beim Hund starken Juckreiz. Sie befallen am liebsten weiche, wenig behaarte Körperstellen, die bald gerötet und mit Pusteln versehen sind. Es bilden sich offene oder verkrustete Partien. Der Tierarzt kann die Parasiten durch Hautabschabungen unter dem Mikroskop nachweisen und den Hund anschließend durch Spritzen und/oder Bäder dauerhaft behandeln.

Die Cheyletiella-Milbe lebt in der obersten Hornschicht der Haut und sticht diese nur an. Sie überträgt sich durch den direkten Kontakt von Hund zu Hund oder indirekt durch Decken, Transportboxen oder Bürsten (allerdings kann diese Milbe nur wenige Tage in der Außenwelt überleben, sodass die Gefahr einer indirekten Infektion nach kurzer Zeit nicht mehr besteht). Die Cheyletiella-Milbe befällt vor allem junge Hunde. Sie verursacht starken Juckreiz, Hautrötungen und Schuppenbildung (auch sie selbst sieht auf der Haut aus wie eine sich bewegende Schuppe). Zur Behandlung wird der Tierarzt eine milbenabtötende Badelösung verordnen.

Die Cheyletiella-Milbe ist auf den Menschen übertragbar und verursacht auch bei ihm Juckreiz und Hautrötungen. Meistens verschwinden die Symptome nach der Behandlung des Hundes allerdings wieder von selbst. In hartnäckigen Fällen sollte man jedoch zum Hautarzt gehen.

## Milben-Prophylaxe

Zur Unterstützung der Hautfunktion und damit ihrer Abwehr gegen Milbenbefall geben Sie dem Hund hochwertiges, kalt gepresstes Bio-Pflanzenöl ins Futter – pro zehn Kilo Körpergewicht einen Esslöffel am Tag. Gut geeignet sind zum Beispiel Distel-, Lein- oder Sonnenblumenöl.

### Würmer

Erwachsene Hunde haben in der Regel nur ab und zu einmal Würmer, die auch keinen großen Schaden anrichten. Sie müssen daher nur alle sechs Monate entwurmt werden. Bei Welpen und Junghunden kann ein schwerer Wurmbefall dagegen zu nachhaltigen

Verdauungs- und Entwicklungsstörungen führen, weshalb sie vierteljährlich entwurmt werden sollten. Sichere und verträgliche Wurmkuren verschreibt Ihnen Ihr Tierarzt. Die Hoffnung, dass Karotten oder Knoblauch gegen Wurmbefall helfen sollen, hat sich leider nicht bestätigt.

Spulwürmer sind sehr verbreitet, besonders bei jungen Hunden, weil sie die Eier durch die Muttermilch aufnehmen oder bereits in der Gebärmutter infiziert werden können. Man bemerkt sie nur im Kot oder im Erbrochenen des Hundes: Sie sehen in etwa aus wie 10 bis 15 Zentimeter lange Spaghetti mit spitzen Enden. Der Spulwurm befällt auch Menschen. Vor allem kleine Kinder sind gefährdet, weshalb in ihrer Umgebung besonders auf regelmäßige Entwurmung beim Familienhund geachtet werden muss.

Der Bandwurm wird über den Floh auf den Hund übertragen. Der Hund juckt sich mit den Zähnen, erwischt dabei den Floh, und infiziert sich so mit Wurmlarven (Finnen), aus denen sich der Bandwurm entwickelt. Sie können die Wurmglieder mit bloßem Auge im Stuhl des Hundes als 5 bis 10 Millimeter große, reiskornähnliche weiße Stückchen erkennen.

Weitere beim Hund vorkommende Darmparasiten sind Haken- und Peitschenwürmer, die zu Abmagerung führen und Verdauungsstörungen verursachen.

## Zecken

Zecken sind eine weitere, sehr verbreitete Hundeplage. Sie nützen niemandem, nur ganz wenige Vogelarten fressen Zecken (irgendwie hat die Natur bei der Erfindung dieser Widerlinge nicht zu Ende geplant). Die Parasiten können 200 Tage ohne Nahrung überleben. Sie lieben Feuchtigkeit und Wärme. Aus diesem Grund sind sie nach einem Regentag im Sommer besonders aktiv. Aber auch bei trockenem oder kühlem Wetter sind sie auf der Jagd nach Wirten. Solange der Boden im Wald noch feucht ist, überleben

In Feld, Wald und Wiesen lauern Zecken in langen Gräsern, deshalb die Hunde nach jedem Spaziergang absuchen.

Zecken auch längere Trockenzeiten. Bei Kälte sind sie weniger aktiv, können aber verborgen in der Laubstreu unter dem Schnee selbst milde Winter überleben.

Meistens sitzen Zecken auf Grashalmen oder Büschen und lassen sich von Warmblütern, also auch Hunden, abstreifen. Mit kleinen Zangen bohren sie ihren Kopf unter die Haut des Hundes und saugen dort Blut. Wenn sie sich vollgesogen haben, sind sie nicht mehr braun, sondern grau, erbsengroß und richtig gruselig. Sie lassen sich vom Hund fallen und legen 1 000 bis 3 000 Eier.

Zeckenbisse können sich sehr stark infizieren, außerdem können Zecken Borreliose und Lyme auf den Hund übertragen. Sie müssen daher umgehend entfernt werden. Aber keine Panik: Nicht jede Zecke ist mit Krankheitserregern infiziert. Je nach Region sind bei der Borreliose zwischen 3 und 35 Prozent der Zecken Krankheitsträger, bei FSME sind es auch in Risikogebieten lediglich 0,1 bis 5 Prozent der Tiere. Außerdem übertragen die Parasiten nicht bei jedem Saugakt Krankheiten. Rechtzeitiges Entfernen kann eine Infektion wirksam verhindern.

Weil sie sich mitsamt Kopf unter die Haut bohren, ist das Entfernen allerdings nicht ganz einfach. Am besten verwenden Sie eine Zeckenzange aus dem Fachhandel, deren Greifer Sie erst hautnah um den Zeckenkörper schließen und dann die Zecke herausziehen. Verwenden Sie keinen Klebstoff oder Öl, wie man es früher oft geraten hat. Die Zecke erstickt dadurch und kann im Todeskampf Viren (FSME) und Bakterien (Borreliose) in das Blut abgeben. Auch Drehen ist nicht nötig, denn wie man heute weiß, haben Zecken kein Gewinde. Haben Sie keine Zeckenzange oder Pinzette zur Hand, packen (nicht quetschen!) Sie die Zecke vorsichtig zwischen den Fingernägeln und ziehen Sie senkrecht aus der Haut. Reinigen und desinfizieren Sie die Stichstelle anschließend. Und die herausgedrehte Zecke ertränken Sie am besten im Klo.

## Zeckenabwehr

Gegen Zecken werden viele starke Geschütze aufgefahren. In Spot-Ons (Tropfen, die im Nacken des Hundes aufgeträufelt und über die Haut in die Blutbahn aufgenommen werden), Sprays und Zeckenhalsbändern stecken Insektizide, also Nervengifte, die die Zecken

## Strittige Impfungen

Hunde können zwar gegen Lyme-Borreliose geimpft werden. Allerdings schützt die Impfung nur vor Erregerstämmen, die entweder gar nicht in Deutschland vorkommen oder aber nicht besonders krankmachend sind. Die Ständige Impfkommission der Bundestierärztekammer empfiehlt diese Impfung deshalb nicht (auch wegen möglicher Nebenwirkungen).

Auch gegen die Hundemalaria ist ein Impfstoff zugelassen, der jedoch nur die Schwere der Symptome reduziert, nicht aber vor der Erkrankung selbst schützt.

abtöten. Einige Präparate enthalten zusätzlich sogenannte Repellents (zu Deutsch: Vergrämungsmittel), die die Zecken durch einen für sie unangenehmen Geruch vertreiben sollen. Sie gewähren aber keinen 100-prozentigen Schutz. Manche Zecken lassen sich dann einfach am anderen Ende des Hundes nieder. Untersuchen Sie Ihren Hund daher in den warmen Monaten regelmäßig.

## Notfallapotheke

Für Notfälle sollte Folgendes im Haushalt vorrätig sein:
- Euphrasia-Augensalbe
- natürliches Mittel gegen Durchfall (beispielsweise Stullmisan® Pulver)
- Mullbinden, Leukoplast
- Vetrap-Verband (selbstklebender Stützverband zum Schutz von Wunden und weichen Verbänden)
- Polsterwatte
- Spritze (ohne Nadel)
- Fieberthermometer
- Schere, Pinzette
- Einmal-Handschuhe
- Handtuch
- Beta-Isadonna-Tinktur (zur Desinfektion)

Diese Liste finden Sie zum Herunterladen auf: www.gu.de/welpen-praxisbuch

## VERGIFTUNG

Die Symptome einer Vergiftung sind Zittern, verstärktes Speicheln, Unruhe, Bewegungsstörungen, erweiterte oder verengte Pupillen, Erbrechen, Durchfall oder Atemnot. Häufige Giftstoffe sind:

- Rosinen. Man weiß zwar nicht, welches Gift in den getrockneten Früchten zu einer Erhöhung der Nierenwerte führt. Aber ab einer Menge von 90 Gramm sind Rosinen für Hunde tödlich!
- Ibuprofen
- Zwiebeln. Sie führen zu Veränderungen im Blutbild. Vorsicht bei Frikadellen!
- Schokolade. Sie enthält Koffein und Theobromin, die bei Hunden ernste Herzprobleme verursachen können. Zartbitter ist besonders gefährlich: Kleine Hunde von wenigen Kilogramm Körpergewicht können schon nach der Aufnahme von 20 bis 30 Gramm sterben. Bei großen Hunden wie zum Beispiel Schäferhunden sind 120 bis 250 Gramm gefährlich. Milchschokolade führt in etwa zehnfacher Menge zum Tod.
- Knoblauch. Er enthält wie Zwiebeln N-Propyldisulfid. In größeren Mengen (regelmäßig gefüttert auch in kleineren) führt dieses zu einer lebensbedrohlichen Anämie (Blutarmut).
- Eibe, Herbstzeitlose, Maiglöckchen, Weihnachtsstern, Tollkirsche

Wenn Sie glauben, dass Ihr Hund sich vergiftet hat, rufen Sie unbedingt zuerst beim Tierarzt oder in der Tierklinik an, bevor Sie losfahren. Dann kann man sich dort auf den Notfall vorbereiten und Sie verlieren keine wertvolle Zeit.

Folgende Angaben sind dabei für die Ärzte wichtig:

- Wer hat sich vergiftet (Alter und Gewicht des Hundes)?
- Womit hat der Hund sich vergiftet (Pflanzen, Chemikalien, Arzneimittel …)?
- Welche Menge an Gift wurde in etwa aufgenommen?
- Um wie viel Uhr kam es ungefähr zu der Vergiftung?
- Welche Symptome sind seit dem Zeitpunkt der Vergiftung aufgetreten?
- Welche Maßnahmen haben Sie selbst bereits ergriffen?
- Nehmen Sie außerdem, sofern möglich, die Verpackung oder einen Teil des Giftes mit zum Arzt.

## VERLETZUNGEN UND WUNDBEHANDLUNG

Bei Beißereien, Stürzen oder Unfällen, an Glasscherben, Dornen oder anderen scharfen Gegenständen können sich Hunde zum Teil schwer verletzen. Damit sich nichts entzündet, sollten Sie den Hund umgehend verarzten: Entfernen Sie dazu, sofern dies möglich ist, das Fell um die Wunde und spülen Sie diese anschließend gründlich mit Mineralwasser aus. Steckt ein kleinerer Fremdkörper in der Haut (zum Beispiel eine Dorne, ein Holz- oder Glassplitter), ziehen Sie ihn vor-

her heraus. Trocknen Sie die Wunde dann sorgfältig mit einem nicht fusselnden Tuch (Gaze). Verwenden Sie keine Salben oder Wundpuder, weil viele davon für Tiere unverträglich sein können.

Wenn die Wunde größer oder infektionsgefährdet ist, bringen Sie Ihr Hündchen anschließend zum Tierarzt.

Junge Hunde, hier Border Collie und Jack Russell, probieren alles aus und nehmen alles ins Maul. Überprüfen Sie daher, was im Garten wächst und herumsteht.

# LERNEN FÜRS LEBEN: HUNDE-ERZIEHUNG

Eigentlich ist Hundeerziehung ganz einfach: Es ist nichts anderes, als bestimmte Gewohnheiten zu formen. Eine spielerische, gut gelaunte Erziehung macht großen Spaß und ist eine phänomenale Art, zu Ihrem Hund eine echte, tiefe Bindung aufzubauen.

# GELERNT IST GELERNT:
## HUNDEMANIEREN

# Werden Sie ein Paar!

Ob Sie sich dessen bewusst sind oder nicht: Jedes Mal, wenn Sie sich mit Ihrem Welpen beschäftigen, ist das bereits eine Lehr- und Lernstunde. Der Welpe lernt entweder, sich höflich und freundlich zu benehmen. Oder aber er lernt, dass er mit seinen frechen Ideen bei Ihnen durchkommt.

Das Gute an einem Welpen ist (abgesehen davon, dass er so unfassbar niedlich, weich, warm und kulleräugig ist), dass er normalerweise von sich aus stark auf Sie achtet und sich an Ihnen orientiert. Der Grund dafür ist ganz profan: Sein Leben hängt davon ab, in Ihrer Nähe und in Sicherheit zu sein. Deshalb ist es auch der beste Zeitpunkt, jetzt auf der Stelle mit seiner Erziehung anzufangen, denn noch ist er mehr an Ihnen interessiert als an Wildspuren, Urin-Markierungen, läufigen Hündinnen und den unzähligen anderen Ablenkungen, die im Laufe des Älterwerdens auf Hunde so zukommen.

## GEWOHNHEIT IST DIE HALBE MIETE

Sobald Ihr Welpe bei Ihnen einzieht, fängt er an, sich Gewohnheiten zuzulegen. Das lässt sich gar nicht verhindern, denn der Hund ist wie der Mensch ein Gewohnheitstier. Der größte Teil von Erziehung ist schlicht, Ihr Hündchen an bestimmte Gewohnheiten zu gewöhnen. Gleichzeitig mit Ihrem Welpen formen auch Sie selbst Gewohnheiten, indem Sie beispielsweise (auch unbewusst) ein Ver-

halten belohnen, das Sie sich wünschen. Oder aber eines, das später ein Problem werden könnte: indem Sie vielleicht jedes Mal nachgeben, wenn Ihr Welpe Ihre Aufmerksamkeit einfordert: Später wird Ihr Hund Sie zum Beispiel möglicherweise laut anbellen, wenn Sie sich nicht um ihn kümmern (weil Sie etwa gerade am Telefon sind: Sehr effektvoll, Ihre Aufmerksamkeit ist ihm dann jedenfalls sicher, wenn auch negativ).

Hunde sind genauso Gewohnheitstiere wie wir Menschen.

Es ist für Hund und Mensch gleichermaßen schwer, einmal erlernte Gewohnheiten wieder abzulegen. Daher macht es viel mehr Sinn, ist zeitsparender und weniger nervenaufreibend, wenn Sie mit der Erziehung Ihres Hundekindes gleich richtig anfangen. Abgesehen davon, wird Ihr Hund mit der Zeit immer agiler und selbstständiger. Bei einem Hundekleinkind ist es leichter, bestimmte Grundregeln zu etablieren, weil es aufgrund seiner Motorik eher einer Schildkröte ähnelt als einem Rennpferd.

## HUNDEERZIEHUNG BEDEUTET, EINE NEUE SPRACHE LERNEN

In der Hundeerziehung geht es nicht darum, Dominanz zu beweisen oder den Hund herumkommandieren zu können. Es geht darum, ihm klare Regeln und Richtlinien vorzugeben und Grenzen zu setzen, damit er ein höflicher Hund werden kann, mit dem es Spaß macht zusammenzuleben.

Damit Ihr Hund verstehen kann, was Sie von ihm wollen und was Sie meinen, müssen Sie lernen, hundgerecht zu kommunizieren. Wir Menschen sind es gewohnt, uns vor allem über Worte zu verständigen, während unsere Hunde viel mehr mit unserer Körpersprache anfangen können. Das bedeutet, dass wir unsere eigene Körpersprache besser beobachten, verstehen und einsetzen müssen, denn sie ist

es, die unserem Hund letztlich das vermittelt, was wir von ihm erwarten. (Und Sie dachten, Sie bekommen einfach einen kleinen Hund – stattdessen betreten Sie eine ganz neue Welt.) Hundeerziehung ist ein Handwerk, das geübt werden muss, genauso wie das Tanzen oder Klavierspielen oder Reiten. Es kommt auf das richtige Timing an, die richtigen Schritte und Bewegungen im richtigen Moment. Unter anderem deshalb lesen Sie ja dieses Buch – weil Sie nicht ganz sicher sind, wie der Cha-Cha-Cha mit Ihrem Hund funktioniert.

## WER FOLGEN SOLL, MUSS GEFÜHRT WERDEN

Um Ihren Hund sicher und vertrauensvoll durchs Leben führen zu können, müssen Sie sein Anführer werden. Sie müssen ihn an die Hand nehmen, um ihn durch diese merkwürdige, wundervolle Welt zu navigieren, in die Sie ihn gebracht haben. Hunde mögen seit Zehntausenden von Jahren mit dem Menschen zusammenleben, aber das macht es noch lange nicht selbstverständlich für sie, ohne klare Richtungsvorgabe nach unseren Regeln zu leben. Wenn Sie ein guter Anführer sind, nehmen Sie ihm alle Verantwortung ab. Er kann sich entspannen und den Kampf mit der Welt einfach Ihnen überlassen.

Hunde, die keine klare Führung von ihren Menschen bekommen, haben ein Problem. Weil Sie die Dinge nicht im Griff haben, muss

Der Welpe beherrscht wie dieser Golden Retriever noch kaum die Hundesprache und muss schon eine Zweitsprache lernen.

er die Verantwortung übernehmen. Und das bedeutet Stress für ihn. Ein Hund, der sich nicht auf die ruhige, klare Führung seines Menschen verlassen kann, muss seinen Menschen oder seine Gruppe vor fremden Leuten beschützen. Er kann dann zum Beispiel nicht souverän damit umgehen, wenn ein fremder Hund komisch guckt, sondern betrachtet das gleich als Möglichkeit eines Sicherheitsdefizits im System. Ein Hund, der sich für Sie verantwortlich fühlt, kann es nicht aushalten, wenn Sie ohne ihn das Haus verlassen. Wie soll er Sie denn jetzt beschützen?

## Dominanter Hund?

»Dominanz« spielt im täglichen Leben nur eine relativ kleine Rolle und hat auch nichts damit zu tun, ob der Hund kommt, wenn Sie ihn rufen, oder ob er an Ihnen hochspringt. Leider wird das Wort »dominant« in der Hundeerziehung aber immer und immer wieder missbraucht. Die meisten Hunde, die als »dominant« bezeichnet werden, sind einfach nicht erzogen und haben schlicht nicht gelernt, sich anzupassen oder ihren Menschen genug Aufmerksamkeit zu schenken. Sie mussten die Führungsrolle übernehmen, weil ihr Mensch sie einfach nicht klar geführt hat.

Jäger benutzen bei ihren Hunden eher den Begriff »kopfstark«, was heißt, dass der Hund einen starken Willen hat, die Anordnungen des Menschen oft hinterfragt oder testet. Und das bedeutet gleichzeitig wieder, dass es ein guter Hund ist, der eigenständig Aufgaben löst. Meine Pudelin Luise ist unbedingt ein kopfstarker und »dominanter« Hund. Trotzdem macht sie (fast) immer, was sie soll, erledigt alle Aufgaben zuverlässig, hält sich im Zusammenleben mit den anderen Hunden souverän im Hintergrund: Sie bellt nie, sondern lässt bellen. Sie lässt auch fremde Hunde in unser Haus, die dann allerdings nicht sehr viel anderes tun dürfen, als sich artig irgendwo hinzulegen. Luise käme nie auf die Idee zu beißen, Leute anzuknurren oder andere Dinge zu machen, die man angeblich »dominanten« Hunden gerne zuschreibt. Sie zögert manchmal, bevor sie ein Kommando ausführt, vor allem, wenn sie der Meinung ist, dass sie dringend noch etwas anderes machen sollte, bevor sie kommt – aber sie kommt.

### Beweisen Sie Managerfähigkeiten

Ein guter Anführer führt nicht durch Zwang, Machtgehabe und Strafe: Das sind die Werkzeuge von Diktatoren, die zu Recht befürchten müssen, ihre Gefolgschaften würden auf freiwilliger Basis nicht mitmachen. Mir gefallen moderne Management-Techniken da besser, bei denen man mit Souveränität, Motivation, klaren Regeln, Lob und Gerechtigkeit führt. Ich finde diese Art des »Anführens« angenehmer, freundlicher und effektiver. Hundeerziehen ist im Grunde so ähnlich wie Tanzenlernen. Bei einem Tanz will man gemeinsam eine bestimmte Schritt-Sequenz ausführen. Und um das hinzubekommen, muss einer der beiden Tanzpartner führen und der andere sich führen lassen. Wenn keine Klarheit darüber herrscht, wer führt, wird aus dem Tanz eher Karambolage. Der führende Tanzpartner schreit nicht herum, schüttelt seinen Partner nicht und redet auch nicht die ganze Zeit. Er führt mit feinen Bewegungen. Wenn er konsequent die Richtung vorgibt, wird sich sein Partner ihm vertrauensvoll hingeben: Sie werden ein tolles Tanzpaar mit einer starken Beziehung zueinander.

*Hundeerziehung ist ein Handwerk, das geübt werden muss. Es kommt auf das richtige Timing an, die richtigen Schritte und Bewegungen im richtigen Moment. Der führende Tänzer muss feine, aber klare Signale geben, damit der Partner sich vertrauensvoll führen lässt. Sonst gibt es eine Karambolage.*

Wenn der führende Tänzer allerdings dauernd vergisst, dass er führt oder seine Signale unklar sind, wird der Partner irgendwann selbst übernehmen (oder sich einen neuen Tanzpartner suchen – das ist allerdings eine Option, die Hunde gewöhnlich nicht haben). Oder man einigt sich auf Freestyle und tanzt in unmittelbarer Nähe voneinander, aber nicht miteinander.

Unseren Hunden geht es genauso. Sie müssen verstehen können, was wir von ihnen wollen. Und das geht nur, wenn wir ihnen rechtzeitig die richtigen Stichworte und Einsätze geben.

## So werden Sie ein guter Anführer

- Stellen Sie klare Regeln auf und bleiben Sie dabei. Wenn Sie Regeln ständig verändern (mal darf er aufs Sofa, mal nicht, mal muss er auf den Platz, wenn Sie ihn hinschicken, mal nicht, mal darf er Sie anspringen, mal nicht), verwirren Sie Ihren Hund. Er wird bald aufhören, sich an irgendetwas zu halten, das Sie verlangen, weil Ihre Regeln dauernd etwas Neues bedeuten.

- Entwickeln Sie eine ruhige Autorität. Betrachten Sie sich als eine Art Firmenboss. Der läuft auch nicht durch die Firma, quietscht herum und macht seine Mitarbeiter verrückt, sondern gibt ruhige, überlegte Anweisungen und weist den Weg (der Firmenboss weiß nämlich, wo's langgeht, weil er ein Ziel im Kopf hat). Um mit Ihrem Hund zu arbeiten oder zu spielen, müssen Sie friedlich, ruhig, selbstsicher und fröhlich sein. Wenn Sie stattdessen unglücklich, ängstlich, nervös oder gestresst sind, lassen Sie Ihren Hund in Ruhe.

- Kommunizieren Sie Ihre Regeln. Loben Sie Ihren Welpen für alles, was er richtig macht, und verhindern Sie ungewolltes Verhalten rechtzeitig, indem Sie ihn vorausschauend eingrenzen. Sie müssen damit rechnen, dass Ihr Hund Hühnern hinterherrennt. Also leinen Sie ihn vorher an, um sofort mit einem »Nein!« eingreifen zu können, wenn er in die Richtung hüpft. Sie müssen damit rechnen, dass er das Spielzeug Ihrer Kinder annagt. Also räumen Sie es weg und wenn er es doch erwischt, nehmen Sie es ihm mit einem »Nein«, das keinen Widerspruch duldet, weg und geben ihm stattdessen sein Spielzeug.

- Schlafplätze. Sie bestimmen, wo Ihr Hund schläft. Selbst wenn Sie ihm erlauben, auf dem Sofa oder bei Ihnen im Bett zu schlafen: Rücken Sie nicht seinetwegen zur Seite, machen Sie ihm keinen Platz. Lassen Sie ihn auch immer wieder mal aufstehen und setzen Sie sich selbst an die Stelle, auf der er gerade noch lag. Der Anführer hat die Kontrolle über sein Territorium (daher auch das Wort »Platzhirsch«). Wenn Ihre Eltern oder ein Onkel auf einem bestimmten Platz sitzen wollten, haben Sie diesen als Kind schließlich auch ganz selbstverständlich geräumt, oder nicht? Und das muss Ihr Hund ebenso lernen.

- Machen Sie gutes Benehmen zur Gewohnheit. Höflichkeit soll kein Kunststück sein, für das Ihr Welpe belohnt wird. Sie soll seine zweite Natur werden. Weil Sie als Kind gelernt haben, am Tisch gerade zu sitzen und Messer und Gabel anständig zu halten, sind Tischmanieren für Sie ganz normal und etwas, über das Sie nie nachdenken müssen. Auch »Bitte« und »Danke« zu sagen ist für Sie mittlerweile ein Reflex und nichts, woran Sie sich erinnern müssen. Das Gleiche können Sie bei Ihrem Welpen erreichen, indem Sie bestimmte Verhaltensweisen einfach rituell einfordern. Nur höfliches Verhalten wird belohnt, Unhöflichkeit (wie bellen, wenn er etwas will, nerviges Gejammer aus Langeweile oder Anspringen) führt niemals zu Erfolg: Keine Aufmerksamkeit, keine Kekse, kein Spielen, kein Streicheln, gar nichts.

Diese junge Dogge hat gelernt, höflich und nicht zu wild mit dem Kind umzugehen. Das hilft, wenn sie Ponygröße erreicht hat.

## LOB UND »STRAFE«

Ein Begriff, der in der modernen Hundeerziehung immer wieder fällt, ist die »positive
Verstärkung«. Das bedeutet: Ihr Hündchen
lernt, dass es sich absolut lohnt, das zu tun,
was Sie von ihm wollen und er etwas gerne
noch einmal macht. Bei den meisten Hunden
funktioniert das mit irgendwelchen besonderen Keksen oder Leckerchen (winzige Wie-
ner-Würstchen-Stücke, Käse, gekochtes Hühnerfleisch oder die gesamte Palette käuflich
erwerblicher Belohnungen), mit einem bestimmten Spielzeug oder Lob und/oder Streicheln, solange man diese genau zum richtigen
Zeitpunkt einsetzt: Nämlich direkt, nachdem
er das ausgeführt hat, was er sollte. Also un-
mittelbar nachdem er angekommen ist, als
Sie ihn gerufen haben, nachdem er sich auf
Kommando gesetzt hat oder, oder, oder.

### Jubeln Sie! Loben Sie!

Je positiver Sie die Erziehung Ihres Hundes
gestalten, desto bessere Resultate werden Sie
bekommen. Ein Lob ist immer die beste Motivation – bei Hunden wie bei Menschen. In-
szenieren Sie bei allem, was Ihr Hund richtig
macht und Ihnen wünschenswert erscheint,
ein großes Hurra. Erklären Sie ihm, wie
wahnsinnig stolz Sie auf ihn sind und dass
er wirklich der klügste Hund aller Zeiten ist.
Werfen Sie ihm einen Keks ein. Später, wenn
Ihr Hund erwachsen ist oder der Befehl
»sitzt«, müssen Sie ihn nicht mehr ständig

Wenn der Welpe sitzt, bekommt er einen Keks.
Beugen Sie sich dabei nicht direkt über ihn,
das animiert ihn dazu hochzuspringen.

dazu beglückwünschen, dass er sich hinge-
setzt hat oder gekommen ist. Irgendwann ist
das dann normal und der Hund erfüllt das,
was von ihm erwartet wird (außer, Sie müssen bei bestimmten Dingen das Programm in
seinem kleinen Hirn mal wieder neustarten,
dann regnet es gleich wieder Lob und Belohnungen). Wenn Ihr Kind im Alter von acht,
neun Jahren dem Besuch höflich die Hand
gibt, empfinden Sie das auch als normal und
brechen nicht mehr in Begeisterungsstürme
aus. Solange Ihr kleiner Hund sich aber noch
an die Befehle gewöhnen muss – bevor sie
ihm also in Fleisch und Blut übergegangen
sind –, können Sie ihn gar nicht genug loben.
»Strafe« dagegen ist das neue deutsche Un-
wort der Hundeerziehung: Es ist zu sehr be-
legt mit negativen Auswüchsen wie Prügel,
Wegsperren, Würgehalsbändern und ähnlichen Dingen. Es ist immer falsch, einem
Hund wehzutun. Es ist unfair, denn woher
soll Ihr Hundekind wissen, wie man sich in
der Welt der Menschen zu verhalten hat?
Außerdem ist Strafe kontraproduktiv: Sie
bringen Ihrem Hund damit nur bei, Sie zu
fürchten und Ihnen zu misstrauen. Er wird
Ihnen möglicherweise gehorchen, aber er
wird es nur aus Angst tun. Ist es das, was Sie
wollen? Oder wünschen Sie sich einen Hund,
der Ihnen völlig vertraut und eine tiefe Bindung zu Ihnen aufbaut – in guten, wie in
schlechten Zeiten?

Auch wenn Sie den Keks zu hoch halten, muss
Ihr Hündchen springen. Genauso lenkt Laufen
mit Keks in der Hand vom Ziel ab: Sitzen.

### Korrigieren statt Strafen

Statt »Strafe« geht es um eine Korrektur unerwünschten Verhaltens, denn mehr als das ist es ja auch nicht. Um eine Strafe zu rechtfertigen, müsste man einen gewissen Vorsatz voraussetzen (wenn Sie Ihrem Sohn verboten haben auszugehen, er aber heimlich aus dem Fenster steigt und sich auch noch von Ihnen erwischen lässt, wenn er morgens um halb sechs nach Hause kommt, müssen Sie ihn für ein solches vorsätzliches Verhalten natürlich bestrafen). Aber so ticken Hunde nicht. Ihr Hund hat sich nicht »mit Absicht« schlecht benommen. Hunde sind nicht gehässig, sie denken sich nicht extra Dinge aus, um uns zu ärgern: Sie wissen es einfach nicht besser.

*Ein Hund ist ein Hund. In seiner Hundelogik gibt es keine Gehässigkeit und keine Rache, er will anderen auch nicht eins »auswischen«. Auf so etwas kommen nur Menschen.*

Korrekturen sollten möglichst objektiv geschehen. Es gibt keinen Grund, mit seinem Hund beleidigt oder nachtragend zu sein. Egal, wie idiotisch sich ein Welpe verhalten hat: Seine Mutter entzieht ihm niemals die Nahrung, er wird nie ohne Abendessen ins Bett geschickt, er bekommt auch keinen Hausarrest oder muss zur Strafe ins Bett. Hunde verstehen solche Maßnahmen nicht – ich bezweifle auch, dass Menschenkinder sie verstehen. Wenn Ihr Welpe also gerade Ihre neuen Abendschuhe mit einem Kauknochen verwechselt, machen Sie ein Geräusch, das ganz sicher seine Aufmerksamkeit erweckt (quietschen Sie, sagen Sie »oh-oh!«, jodeln Sie), nehmen ihm die Pumps weg und geben Sie ihm etwas, auf dem er herumkauen darf.

## GRENZEN SETZEN

Eine Erziehung, die ausschließlich auf positiver Verstärkung über Lob und Kekse beruht und in der unerwünschtes Verhalten einfach nur ignoriert wird, funktioniert nach meiner Erfahrung nicht. Denn letztlich kann der Hund nicht erkennen, dass er bestimmte Dinge eben nicht tun soll (wenn er gerade dabei ist, das Familienmeerschweinchen oder Ihre 500-Euro-Brille anzunagen, können Sie das ja schlecht ignorieren).

Wenn man ein Rudel beobachtet, sieht man deutlich, dass Hunde einander ganz klare Grenzen setzen. Sie geben einander keine Kommandos, sagen aber schnell, klipp und klar, was sie nicht tolerieren wollen: Mit Fixieren, Knurren, Schnauzengriff oder kurzen, schnellen Remplern. Für solche physischen Korrekturen muss der Mensch ein extrem gutes Gefühl für das Timing haben und sehr schnell reagieren können. Da dieses den meisten aber nicht gegeben ist, führen körperliche Maßnahmen in den allermeisten Fällen zu fürchterlichen Missverständnissen und Vertrauensbrüchen. Stattdessen muss der Mensch Grenzen setzen und zeigen, was er nicht möchte.

### Was bedeutet »Nein«?

Der menschliche Ersatz fürs Knurren ist zum Beispiel das Wort »Nein«. Manche Hunde lernen allein anhand des Tonfalls, dass sie jetzt lieber mit dem aufhören, was sie gerade machen. Andere sind da nicht so leicht zu beeindrucken: Für sie ist »Nein!« nur irgendein Geräusch. Also müssen Sie Ihrem Hündchen beibringen, was dieses Wort bedeutet: Nämlich »Tut mir leid, aber das darfst du nicht.« –, ohne dass Sie ihn dafür anschreien (in der Hundefachsprache nennt man das Abbruchsignal, weil er sein Vorhaben abbrechen, seinen Plan unterbrechen soll).

Bewaffnen Sie sich mit genügend Keksen und legen Sie etwas auf den Boden, was Ihren Hund einigermaßen interessiert wie einen Ihrer Schuhe oder eine müffelige Socke (ein Leberwurstbrot wäre in diesem Erziehungsstadium gemein). Sobald Ihr Hund sich den Gegenstand ansehen möchte, sagen Sie mit klarer Stimme: »Nein!« Wenn Ihr Welpe daraufhin Sie ansieht und die Aufmerksamkeit von dem köstlichen Ding abwendet, bekommt er sofort einen Keks. Wenn er sich nicht stören lässt, werfen Sie etwas Klapperndes neben sich auf den Boden, während Sie gleichzeitig das »Nein!« wiederholen. Das ungewohnte Geräusch soll ihn irritieren und sollte an sein Wesen angepasst werden. Manche Welpen reagieren schon, wenn ein Taschenbuch zu Boden flattert, andere erst, wenn Sie die Encyclopädia Britannica von einem Hochhaus werfen. Sobald der Hund zu Ihnen guckt: Keks, Loben, Hurra. Steigern Sie sich: Bevor Sie dem Welpen sein Essen geben, muss er »Sitz!« machen. Stellen Sie das Futter auf den Boden und sagen Sie »Nein!«, wenn er aufstehen will. Warten Sie drei Sekunden und geben Sie ihm erst dann das »Okay!«. Auf diese Weise lernt er auch gleich Impulskontrolle. Wenn er etwas haben möchte, muss er warten.

Ihr Welpe wird Ihnen viele Gelegenheiten geben, das Wort »Nein« zu üben. Und er wird Ihnen beibringen, in schwierigen Situationen Geduld, Vertrauen und Humor zu bewahren.

## Timing ist alles

Sie können Ihren Hund nur dann eingrenzen, wenn Sie ihn tatsächlich in flagranti erwischt haben. Wenn Sie feststellen, dass er vor einer

Kartons lassen sich wunderbar schreddern. Macht nichts. Als »Erwachsener« wird dieser Vizsla kein Interesse mehr daran haben.

Ein strenger Blick des Mini-Australian-Shepherd-Rüden genügt, um seinem heranwachsenden Sohn zu signalisieren, wessen Spielzeug das ist, und dass »Teilen« heute nicht auf dem Lernprogramm steht.

Stunde die Käsetorte gefressen hat, nützt ein »Nein!« gar nichts mehr. Auch wenn Sie ihm 100-mal die leere Tortenplatte zeigen, hat er keine Ahnung, worum es Ihnen geht. Reden Sie sich nicht ein, Ihr Hund hätte aber ein schlechtes Gewissen, wenn Sie ihm das zerfetzte Sofakissen zeigen. Wenn er die Ohren anlegt, zur Seite guckt oder sich duckt, reagiert er nur auf Ihre empörte, angespannte Körperhaltung. Es wird ihn nicht daran hindern, das nächste Mal wieder ein Sofakissen zu zerlegen, wenn ihm langweilig ist. Denn er hat gar nicht verstanden, worum es eigentlich ging. Wieso haben Sie »Nein« gebrüllt, als Sie ihm das Kissen gezeigt haben? Gefielen Ihnen die Federn nicht? Wollten Sie nicht, dass es an dieser Stelle liegt? Oder was? Hunde haben kein Gewissen, weil sie kein moralisches Verständnis von »Gut« und »Schlecht« haben

wie wir. Das nächste Mal, wenn Ihr Hund alleine bleiben soll, lassen Sie ihn in einem Umfeld, in dem er keinen Zugriff auf Dinge hat, die er nicht fressen soll (zum Beispiel in seiner Box, in der Küche oder im Flur).

### Geben Sie ihm eine Alternative

Wenn Ihr Hund etwas tut, was er nicht tun soll, sagen Sie ihm, was er stattdessen machen soll. Wenn Ihr Teenager am Fenster steht und den Nachbarhunden hinterherbellt, reicht es nicht, ihm »Fifi nein!« hinterherzurufen: Was wollen Sie denn stattdessen? Soll er lauter bellen? Soll er sich aufs Fensterbrett stellen, damit man ihn besser sieht? Oder soll er zu Ihnen kommen und sich ruhig hinlegen? Dann sagen Sie ihm das! Sagen Sie ruhig »Fifi nein!« und sobald er seinen kleinen Schnabel hält, loben Sie ihn und rufen ihn zu sich.

Wenn Ihr Hund die Katze anbellt, sagen Sie wieder »Fifi nein!«, und rufen ihn zu sich, bieten ihm stattdessen ein Ballspiel an oder kraulen ihm seinen kleinen runden Kinderbauch: Das ist doch alles viel besser, als die Katze zu ärgern.

## DIE AUFMERKSAMKEITSÜBUNG

Ihr Hund kann Ihnen nicht zuhören und auf Ihre Befehle reagieren, wenn es rundum zu viel gibt, was ihn ablenkt. Er achtet dann gar nicht auf Sie. Wenn Sie Ihren Hund aber dazu bringen, Sie auf Kommando anzusehen, werden viele Probleme in Zukunft gar nicht auftreten: Überlegt er sich zum Beispiel gerade, ob er die Nachbarkatze jagen soll, Sie aber auf Ihr Signal hin anschaut, haben Sie seine Aufmerksamkeit wieder und können ihn auf andere Ideen bringen.

Die Aufmerksamkeitsübung ist sehr wichtig, weil Sie ein Hundeleben lang immer wieder in Situationen kommen werden, in denen Ihr Hund dringend Augenkontakt zu Ihnen aufnehmen muss, damit Sie vorausschauend »Unheil« verhindern können (etwa in Form von Auseinandersetzungen mit anderen Hunden, Hühnern, Rehen oder was sonst so zu seinen Hobbies zählen wird).

Ihr Hündchen muss lernen, dass sich der Blickkontakt zu Ihnen lohnt. Gehen Sie dazu mit ihm zuerst in einen Raum mit wenig Ablenkung. Nehmen Sie einen Keks in die Hand und breiten Sie die Arme aus. Der Welpe wird Ihre Hand anstarren, aber weil sich da nichts tut, wird er Ihnen irgendwann etwas ratlos ins Gesicht schauen (das kann eine Weile dauern – anfangs leicht einmal zwei,

drei Minuten -, im Laufe der Zeit werden die Abstände aber immer kürzer). Genau in diesem Moment loben Sie ihn (»Braves Hündchen!«) und geben ihm den Keks. Und dann gleich noch mal: Keks in die Hand, Arme ausbreiten und warten, bis Ihr Hündchen Sie anschaut: »Braver Hund!« und Keks. Machen Sie das mehrmals am Tag in kurzen Sequenzen à drei bis fünf Minuten und ruhig auch bald in einer Umgebung, in der etwas mehr los ist (aber noch nicht da, wo er vor lauter Ablenkungen niemals auf die Idee kommen wird, Sie anzugucken, egal, wie lange Sie mit ausgebreiteten Armen dastehen).

> »Schau mich an!« als Zauberformel: Einen Hund, der dieses Kommando kennt und beherrscht, kann man im Laufe des Lebens viel leichter vor brenzligen Situationen bewahren.

Sobald Ihr Welpe verstanden hat, worum es geht, wird er Sie gleich anschauen. In diesem Moment können Sie das Arme-Ausbreiten mit den Worten »Schau mich an!« oder »Achtung!« verbinden. Im Laufe der weiteren Drei-bis-fünf-Minuten-Übungen können Sie dann versuchen, die Arme (mit Keks in der Hand) am Körper zu behalten, während Ihr Hund gerade irgendwo anders hinblickt: »Schau' mich an!« Mal sehen, ob es schon klappt. Sobald das Tier dann wieder verstanden hat, wie »Schau' mich an!« oder »Achtung!« (oder wie auch immer Ihr Zauberwort lautet) funktioniert, sollten Sie es unter mehr Ablenkung üben.

# Vorschulprogramm: Sitz, Platz, Komm

Es gibt ein paar grundsätzliche Anstandsregeln, die jeder Hund kennen sollte. Dann wird das Zusammenleben ganz leicht. Damit sie für Ihr Hündchen recht bald selbstverständlich werden, sollten Sie schon frühzeitig mit dem Lernen beginnen.

### »SITZ!«

Das Kommando »Sitz!« ist nicht nur äußerst nützlich. Sie können es Ihrem Welpen auch relativ leicht beibringen, weil Sitzen für Hunde eine ganz natürliche Körperhaltung ist, die sie sowieso andauernd einnehmen. Am einfachsten klappt es mit der »Bestechungs-

methode«, bei der Sie den Welpen in die gewünschte Stellung locken und ihn sofort belohnen, wenn er diese einnimmt. Gehen Sie vor Ihrem Welpen in die Hocke oder auf die Knie. Nehmen Sie einen kleinen Keks, ein Käsestück oder irgendetwas anderes Köstliches zwischen Daumen und Zeigefinger und halten Sie es ihm vor die Nase. Führen Sie dann Ihre Hand langsam über seinen Kopf in Richtung Schwanz, während Sie »Sitz!« sagen. Heben Sie die Hand nicht höher, weil er sonst vielleicht versucht, danach zu hopsen. Wenn das Tempo stimmt, wird Ihr Hündchen dem Keks mit der Nase folgen, wodurch er den Kopf heben und seinen kleinen Hintern senken muss. Sobald er sitzt, loben Sie seine außergewöhnlichen Fähigkeiten und stecken Sie ihm das Leckerli ins Mäulchen. Lassen Sie ihn aufstehen und wiederholen Sie die Übung

Wer sitzt, hat mehr vom Leben: »Sitz« ist grundsätzlich die Ausgangsposition für alles, was kommt. (Mini Australian Sheperd)

noch zwei-, dreimal – nicht öfter, denn er ist ja noch ein Welpe und hat eine sehr begrenzte Aufmerksamkeitsspanne. Falls Ihr Hund dieses Buch nicht gelesen hat und dem Keks rückwärts folgt, statt sich zu setzen, üben Sie in einer Zimmerecke.

Sobald »Sitz!« aus der Hocke heraus gut klappt, machen Sie das Gleiche im Stehen, wobei Sie leicht in die Knie gehen. Achten Sie darauf, dass Sie sich nicht mit dem Oberkörper über Ihren Hund beugen, weil er das als Aufforderung verstehen würde, an Ihnen hochzuspringen. Ändern Sie das Spiel: Rennen Sie los, ohne Ihr Hündchen zu rufen, lassen Sie sich fangen, drehen Sie sich um und machen Sie das »Sitz!«-Spiel.

Belohnen Sie Ihren Hund nie versehentlich dafür, dass er so niedlich an Ihnen hochspringt, wenn Sie beispielsweise in der Hocke sind oder er an die Kekse in Ihrer Hand herankommen möchte. Wenn er an Ihnen hochspringt, drehen Sie ihm sofort den Rücken zu und ignorieren ihn vollständig, bis er wieder sitzt. Aber dann (»Braves Hündchen«) gibt's einen Keks.

## Sitz als »Darf ich bitte … ?«

Meine Welpen müssen sich jedes Mal hinsetzen, bevor sie etwas bekommen. Immer. Für alles. Für jedes Spielzeug, jedes Spiel, jede Tür, die sich öffnen wird, für jede Mahlzeit, jeden Keks, jedes Streicheln. Sie lernen von vornherein, dass sie überhaupt nur dann etwas bekommen, wenn sie sich ruhig und höflich verhalten und nicht für Gejammer oder weil sie sich in einen übererregten, überdrehten Zustand hineinsteigern. Indem er sich höflich hinsetzt und abwartet, was man ihm

gibt, lernt der Welpe Selbstbeherrschung, anstatt sich einfach mal eben selbst zu bedienen. Sie können dann mit leiser, ruhiger Stimme mit ihm sprechen, anstatt ihn an- oder hinter ihm her zu schreien. Denn er fokussiert seine Aufmerksamkeit ja bereits auf Sie und Ihre Stimme. Ein Hund, der gelernt hat, ruhig und im Sitzen abzuwarten, was von Ihnen kommt, wird sich auch an Sie für Führung wenden, wenn er selbst nicht ganz sicher ist, wie er reagieren soll.

## Spielerisch Lernen

Geben Sie Ihrem Hund das Gefühl, dass Erziehung ein sensationelles Spiel ist, indem Sie nicht langweilig sind, das Tempo aufrechterhalten, fröhlich bleiben und die Umgebung und die Aufgaben ändern. Wenn Sie Ihrem Hund Spaß machen, müssen Sie sich nicht so anstrengen, um seine Aufmerksamkeit zu bekommen: In seinen Augen stehen Sie dann schon für Freizeit und Abenteuer. Hunde sind eher Fans der leichten Unterhaltung. Wenn Ihr Hund bei der Erziehung nach kurzer Zeit nicht mehr mitmacht, dann liegt das vielleicht daran, dass die »Sendung« langweilig ist und Sie zu lange brauchen (zu viele Werbepausen … ).

## Hund auf dem Sofa?

Sofa oder nicht Sofa ist nur eine Glaubensfrage für den Menschen. Hunde wollen fast immer auf dem Sofa liegen, weil es dort am meisten nach Ihnen riecht, weil sie so nah wie möglich an Ihnen dran liegen können und weil es einfach ungeheuer bequem ist. Ob Sie Ihrem Hund erlauben, auf dem Sofa oder auch dem Sessel oder Bett zu liegen, hängt daher ganz von Ihnen ab. Meine Italienischen Windspiele etwa dürfen meistens aufs Sofa, die langhaarigen Hunde dürfen es nicht. In jedem Fall aber erlaube ich das Sofa-Sitzen erst, wenn die Hunde über sechs Monate alt sind und bereits gelernt haben, sitzend um Erlaubnis zu bitten. Das Sofa ist schließlich nicht einfach ein erhöhter Hundeplatz, sondern ein echtes Privileg, um das sie bitten müssen. Dann springen sie nämlich nicht einfach aus Gewohnheit und ohne zu fragen darauf, wenn sie matschige Pfoten haben, nass sind oder gerade das Baby von Freunden auf dem Sofa liegt.

### »PLATZ!«

Wenn Ihr Welpe zuverlässig »Sitz!« macht, können Sie daraus das »Platz!« entwickeln. Im Prinzip gehen Sie wieder ähnlich vor: Lassen Sie den Welpen »Sitz!« machen. Nehmen Sie dann einen Keks in die Hand und führen Sie ihn von der Hundenase auf den Boden– etwa an die Stelle, an der seine Nase wäre, wenn er sich hinlegen würde. Bewegen Sie die Hand nicht zu schnell, sonst steht Ihr Hund auf, um hinter ihr herzumarschieren. Wenn Ihr Welpe sich nicht richtig hinlegen will, sondern in einer Art »Hocke« verbleibt, zeigen Sie ihm den Keks noch einmal und legen Ihre Hand mit Keks darunter vor den Hund auf den Boden. Die meisten Welpen legen sich dann hin. Geben Sie ihm den Keks, solange er noch liegt und loben Sie ihn (nicht zu doll, damit er nicht vor lauter Glück begeistert wieder aufspringt. Er sollte möglichst noch ein bisschen in der Liegeposition bleiben). Wenn es kein besonders schwerer Welpe ist (kein Bernhardiner, Bordeaux-Dogge, Berner Sennenhund, Dogge, Mastiff …), können Sie aus dieser Übung eine Art »Liegestütz-Spiel« machen: von »Sitz!« ins »Platz!« und wieder ins »Sitz«. Dazu halten Sie den Keks einfach höher über den Kopf (aber nicht so hoch, dass der Hund springen muss). Haben Sie Geduld: Hinlegen ist schwieriger als das simple »Sitz!«. Wenn Ihr Welpe immer wieder aufsteht, um hinter der Kekshand herzugehen, versuchen Sie, den Keks unter Ihr ausgestrecktes Bein zu führen, damit Ihr Hündchen sich hinlegen muss, um an seine Belohnung heranzukommen. Sobald er die Vorderbeine auf den Boden legt, loben Sie ihn und ziehen den Keks weiter nach vorne, damit er sich streckt – das ist im Liegen einfacher. Wiederholen Sie das »Platz!« ein paarmal, loben Sie ihn sehr, sobald er liegt, und versuchen Sie es ohne ausgestrecktes Bein. Wenn es noch nicht geht: wieder zurück zum ausgestreckten Bein.

Manchen Hunden fällt dieses Kommando auch aus anderen Gründen schwerer: Kurzhaarige Windhunde zum Beispiel finden den Boden immer zu kalt (also üben Sie es auf einem Teppich oder einer Decke). Sehr große und/oder schwere Hunde wiederum finden das Hinlegen und Wiederaufstehen häufig anstrengend (also wiederholen Sie die Übungen nicht so oft).

### Handzeichen für »Sitz!« und »Platz!«

Sobald Ihr Hund das Hinsetzen und Hinlegen auf Kommando gut beherrscht, sollten Sie Handzeichen einbauen. Es ist unglaublich praktisch, wenn er gewisse Signale auch auf Zeichensprache hin versteht: Auf diese Weise können Sie ihn auch auf Entfernung »Sitz!« machen lassen oder wenn Sie ein wichtiges Telefongespräch führen müssen und Ihren Hund daran hindern wollen, im Hintergrund eine Party zu feiern.

Ein gutes Handzeichen für »Sitz!« ist ein erhobener Zeigefinger (vergessen Sie einfach, was dieser für uns Menschen bedeutet). Jedes Mal, wenn Sie von nun an Ihren Welpen »Sitz!« machen lassen, heben Sie dazu deutlich Ihren Lieblingszeigefinger (bei mir der linke, weil ich Linkshänder bin). Den Keks können Sie trotzdem mit Mittel-, Ring- und kleinem Finger festhalten. Ihr Hündchen bekommt ihn wie gewohnt zur Belohnung, sobald es auf seinem kleinen Hintern sitzt. Der

Setter (1) und Dackel (2) zeigen: Hunde sind Meister der Körpersprache und reagieren oft besser auf Handzeichen als auf Worte.

Welpe wird den Zusammenhang Wort/Finger/Kommando in kürzester Zeit verstehen, sodass Sie nach ein paar Tagen regelmäßigen Übens anfangen können, das »Sitz!« schweigend und nur mit Zeigefinger zu trainieren. Wenn Sie Ihrem Welpen das »Platz!«-Kommando aus dem Sitz und mit Keks beigebracht haben, haben Sie das Handzeichen schon fast etabliert, indem Sie die flache Hand nach unten bewegt haben. Wenn er sich mittlerweile (meistens) gleich hinlegt, wenn Sie das Wort »Platz!« aussprechen, fügen Sie das Handzeichen hinzu, indem Sie die flache Hand Richtung Fußboden führen, als würden Sie einen Hund nach unten drücken. Sobald er liegt: »Braver Hund!« plus Belohnung. Nach ein paar Tagen versuchen Sie, ihn ins »Platz!« zu bewegen, indem Sie nur die Handbewegung machen. Wenn das noch nicht klappt, üben Sie weiter mit Wort und Handzeichen. Wir Menschen müssen erst lernen, unsere Körpersprache richtig einzusetzen, und Ihr Hund muss lernen zu »lesen«, was Sie eigentlich meinen. Bleiben Sie konsequent. Ich verspreche Ihnen, dass es sich am Schluss für alle Beteiligten lohnt.

## »KOMM!«

Das zuverlässige »Komm!« ist wahrscheinlich das wichtigste Kommando, das ein Hund lernen muss. Das Komische an Erziehung ist ja: Je besser man seinen Hund unter Kontrolle hat, desto mehr Freiheit bekommt er. Ein Hund, der kommt, wenn man ihn ruft, darf ohne Leine laufen (sofern die idiotischen Leinenzwanggesetze das zulassen). Er kommt ja, wenn Sie ihn brauchen oder bevor er in potenzielle Schwierigkeiten gerät. Ein Hund, der kommt, wenn man ihn ruft, hat es daher gut – und Sie auch. Deshalb sind Zeit und Aufwand, die Sie in das Kommando stecken, bestens investiert.

Für Welpen ist »Komm!« meist sehr leicht, weil sie Ihnen ja sowieso unbedingt folgen wollen. Schließlich steht ihr Leben auf dem Spiel, wenn sie Sie verlieren sollten. Erst später, mit zunehmender Unabhängigkeit und Sicherheit, überlegen manche Hunde zweimal, ob es sich wirklich lohnt, dem Ruf ihres Menschen zu folgen.

Überlegen Sie sich gut, welches Wort Sie fürs Kommen verwenden wollen, und verwenden Sie es dann auch konsequent. Bleiben Sie also bei einem bestimmten Ruf. Ich selbst nenne das Ganze »Zu mir!«, weil ich festgestellt habe, dass auch ich das Wort »Komm!« für alle möglichen Dinge missbrauche: Von »Komm, wir gehen!« über »Komm, lass das!« bis hin zu »Komm, zeig mal her!« fallen mir andauernd die verschiedensten Einsatzmöglichkeiten für das schöne Wort »Komm!« ein. Sehr praktisch ist es auch, den Namen des Hundes mit dem Wort »Komm!« (oder welches Wort auch immer Sie dafür verwenden wollen) zu koppeln, also zum Beispiel »Gretel, komm!«. Und das immer. Wenn Sie das Ganze nun noch mit begeisterter Stimme aussprechen oder rufen und sogar ein paar Schritte schnell rückwärtslaufen: Das wirkt. Jedes Mal. Wirklich.

Sobald Ihr Welpe auf Sie zuläuft, jubeln Sie begeistert »Braves Hündchen!« in seine Richtung, damit er gleich merkt, dass es eine richtig gute Idee war zu kommen. Wenn er da ist, wird wieder gelobt, was das Zeug hält.

Ich übe das »Komm!« mit meinen Welpen mindestens 20-, 30-mal am Tag. Kein Witz. Wenn Sie es in diesem Alter richtig machen, haben Sie kaum Probleme, wenn das Hündchen in die Pubertät kommt und sich plötzlich für einen Superhelden hält, der alles alleine kann.

Je mehr Ihr Hund abgelenkt ist, wenn Sie ihn zu sich heranrufen, desto toller muss die Belohnung ausfallen. Wenn Sie ihm ansehen, dass er eigentlich gerade etwas viel Besseres vorhat, müssen Sie ihm schon etwas Lohnendes bieten: Einen echten Superkeks zum Beispiel oder ein Spielzeug, das Sie einsetzen, um ihn mit einem Spielchen zu belohnen. Schließlich unterbricht er Ihnen zuliebe etwas, was ihm momentan wahrscheinlich viel sinnvoller erscheint.

### Kommen soll Spaß machen

Es gibt eine Menge Dinge, die das »Komm!« für Ihren Hund nachhaltig verderben können. Man neigt beispielsweise dazu, seinen Hund zu rufen, ohne darüber nachzudenken, ob die Übung in gerade diesem Moment nicht zu schwierig ist – und der Welpe dem Kommando einfach nicht folgen kann. In diesem zarten Alter rufe ich meine Hunde nie aus einem Spiel mit einem anderen Welpen heraus. Vor lauter Spiel und Spaß hören sie einen gar nicht, denn ihre Aufmerksamkeit ist zu 100 Prozent auf den Spielkumpel gerichtet. Wenn Sie schon von vorneherein ahnen, dass Ihr Welpe gerade zu abgelenkt sein könnte, um zu gehorchen, gehen Sie einfach mit einem Stückchen gekochtem Huhn oder einem Stück Wurst zu ihm, leinen ihn an und geben ihm dann das Fleisch.

»Komm!« ist ein wundervolles Spiel und der Auftakt für Spaß und Abenteuer, die der Welpe mit Ihnen erleben darf. Sie müssen es ihm nur richtig vermitteln.

Achten Sie auch darauf, dass Sie Ihren Hund anfangs nicht rufen, um ihm anschließend allen Spaß zu verderben: Viele Hunde kommen deshalb nicht, weil sie gelernt haben, dass sie dann angeleint werden, dass der Spaziergang vorbei ist, dass sie eingesperrt werden, dass man ihre Krallen schneidet oder sie irgendetwas anderes tun müssen, was ihnen unangenehm ist. Sorgen Sie deshalb während des Trainings (und auch später) dafür, dass es immer ein Highlight ist, wenn Ihr Hund zu Ihnen kommt.

### Der Trick mit der Leine

Lassen Sie nicht zu, dass Ihr Hund Sie ignoriert: Wenn er sich nicht um Sie kümmert, nehmen Sie ihn an eine lange (2,5–3 Meter) Leine, sagen vergnügt »Komm!« und gehen in die andere Richtung, um dort möglichst gleich etwas anderes, wahnsinnig Spannendes zu machen, indem Sie unverhofft ein neues Quietschspielzeug aus der Tasche ziehen, ihn über einen Baumstamm balancieren lassen, oder ähnliches. Ihr Hündchen wird bald verstehen, dass Sie viel interessanter sind, als alles andere – es lohnt sich also unbedingt zu kommen, wenn Sie »Komm!« rufen.

Es ist wichtig, dass Ihr Welpe versteht, dass »Komm!« nicht aller Tage Abend bedeutet und aller Spaß ein Ende hat, wenn er gerufen wird und kommt. Wenn er zum Beispiel mit anderen Hunden spielt, lassen Sie ihn so lange spielen, bis Sie erste Ermüdungserscheinungen bemerken. Dann rufen Sie ihn zu sich, loben ihn und lassen ihn wieder lostoben. So bekommt Ihr Hund nicht das Gefühl, das Spiel ist unweigerlich vorbei, wenn er zu Ihnen kommt. Beobachten Sie ihn genau: Sobald Sie Spiel-Ermüdungserscheinungen bei Ihrem Hund bemerken, rufen Sie ihn und wenn Sie sicher sind, dass er Sie gehört hat, gehen Sie los, Richtung Heimat oder Auto. Wenn Ihr Hund kommt, loben Sie ihn, und nach weiteren fünf Metern leinen Sie ihn an. Voilà! Ihr Hund hat das (nämlich schon langweilig werdende) Spiel selbst unterbrochen, um zu kommen: Sie sind also kein Spielverderber.

Mit einer drei Meter langen, leichten Leine geben Sie Ihrem Welpen genug Raum, behalten ihn aber trotzdem im Griff.

# Leine und Halsband

Als Sie sich das Leben mit Ihrem Hund vorstellten, haben Sie vermutlich davon geträumt, gemeinsam mit Ihrem Hund in schönstem Einvernehmen in den Sonnenuntergang zu spazieren, Seite an Seite. Nie kam in diesem Traum eine Leine vor ...

Die Wirklichkeit sieht leider anders aus. Der normale Hundehalter braucht die Leine, wie er seine Schuhe und Strümpfe braucht: In den meisten Großstädten ist es inzwischen verboten, die Hunde einfach ohne Leine laufen zu lassen. Sowieso ist der Verkehr häufig so stark, dass man selbst als erwachsener Mensch mit einer gewissen Übersicht kaum schadlos durchkommt, geschweige denn als Hund, der eben doch auch mal seinem Instinkt oder einem unvorhergesehenen Reiz folgt. Es hilft also nichts: Sie müssen da durch, und Ihr Hündchen mit Ihnen.

## ERST DAS HALSBAND, DANN DIE LEINE

Als Ihr Welpe bei Ihnen einzog, hatte er bis dahin möglicherweise noch nie ein Halsband um. Wahrscheinlich ist er auch noch nie an der Leine gelaufen. Er wird es daher nicht besonders schön finden, wenn Sie ihm das Halsband umlegen, es ist schließlich ein Fremdkörper. Aber wenn er sich erst einmal daran gewöhnt hat, wird er es gar nicht mehr spüren. Legen Sie am besten ein ganz leichtes Nylonhalsband mit Klickverschluss um, das

geht schneller, als wenn Sie erst mit einem üblichen Schnallenverschluss und Lochung am Hals herumfummeln. Für die richtig schönen, edlen, eleganten Halsbänder haben Sie noch lange genug Zeit. Momentan ist praktisch besser. Sowieso ist Ihr Hündchen noch so wahnsinnig niedlich, dass es keine extra Deko benötigt.

Legen Sie ihm das Halsband locker genug um, sodass noch zwei Finger zwischen Hals und Halsband passen. Anschließend machen Sie etwas Interessantes mit Ihrem Hund, um ihn ein bisschen abzulenken. Er wird sich zwar dauernd hinsetzen und sich am Hals kratzen, weil das Ding so ungewohnt ist. Aber das macht nichts: Mit ein bisschen Übung haben wir schließlich auch gelernt, auf hohen Schuhen zu laufen oder Krawatten zu tragen, ohne das Gefühl von chinesischer Folter zu haben. Nach einer Weile nehmen Sie dann das Halsband wieder ab. Steigern Sie nach und nach die Zeit, in der er es trägt. Wenn Ihr Welpe sich an das Halsband gewöhnt hat, machen Sie eine leichte Nylonleine daran fest und lassen das Ding hinter ihm her schleifen. Nehmen Sie dann die Leine in die Hand und laufen fröhlich vor ihm

## Kein Leineziehen

Ziehen Sie nicht an der Leine, wenn Sie es irgendwie vermeiden können. Die Leine ist kein Lasso und kein Abschleppseil, sondern Ihr verlängerter Arm: Sprechen Sie mit Ihrem Hündchen, wenn Sie die Richtung wechseln wollen, und ziehen Sie ihn nicht einfach durch die Gegend.

her, sodass er Ihnen folgt. Loben Sie ihn begeistert und machen Sie die Leine wieder ab. Wenn Sie das nächste Mal mit ihm kuscheln, leinen Sie ihn vorher wieder an. So lernt er, dass die Leine nicht unangenehm ist, sondern etwas ganz Normales.

### DAS LEINENSPIEL

Ihr Welpe muss erst lernen, beim Gehen an der Leine auf Sie zu achten (und sich nicht auf irgendeinen Punkt weit weg am Horizont zu konzentrieren und vollen Körpereinsatz zu leisten, um möglichst schnell dorthin zu kommen). Legen Sie ihn deshalb zunächst an eine 2,5 oder 3 Meter-Leine (für diesen Zweck nehme ich bei kleinen bis mittelgroßen Hunden am liebsten eine möglichst dünne, circa 8 Millimeter breite Leine aus Fettleder, weil so lange Nylonleinen sich immer verknoten) und gehen Sie mit ihm nach draußen.

Gehen Sie in gutem Tempo los und sprechen Sie ihn an: »Komm, Fifi, komm!«, damit er Ihnen vergnügt folgt. Wechseln Sie die Richtung, gehen Sie um Büsche herum, laufen Sie Slalom oder Achten … Bleiben Sie interessant. Auf diese Weise muss Ihr Welpe mitdenken. Sobald Sie stehen bleiben, lassen Sie ihn »Sitz!« machen und belohnen ihn auch gleich dafür.

Gehen Sie mit einem fröhlichen »Komm!« weiter. Bleiben Sie wieder stehen, lassen Sie ihn sofort wieder »Sitz!« machen und belohnen Sie ihn gleich wieder. Gehen Sie weiter. Wenn der Welpe seine Aufmerksamkeit auf etwas anderes richtet, wechseln Sie sofort die Richtung und sprechen ihn dabei wieder an. Klopfen Sie sich auf die Oberschenkel, damit er Ihnen wieder folgt. Weil die Leine so lang ist, hat er ja etwas Zeit zu reagieren, während Sie sich gleichzeitig entfernen. Er wird ziemlich schnell auf die Idee kommen, dass er Ihnen besser folgt. Sobald er wieder auf Ihrer Spur ist, loben Sie ihn und werfen ihm rasch einen Keks ein. Konzentriert er sich wieder auf etwas anderes, wechseln Sie sofort erneut die Richtung mit »Komm, Fifi!«.

Üben Sie dies jeden Tag zehn Minuten lang, bis Sie das Gefühl haben, Ihr Hündchen richtet einen beträchtlichen Teil seiner Aufmerksamkeit auf Sie. Dann ändern Sie den Ablauf und wechseln die Richtung, ohne ihn zu rufen: Sie drehen einfach um. Nanu? Jetzt muss sich Ihr Welpe noch mehr auf Sie konzentrieren und das ist genau das, was Sie wollen. Denn es bedeutet, dass er darauf achtet, was Sie vorhaben, in welche Richtung Sie gehen möchten, wo Sie stehen bleiben wollen. Und ganz nebenbei üben Sie so im wahrsten Sinne des Wortes, die Führung zu übernehmen: Sie zeigen Ihrem Welpen, wo es langgeht, und er folgt Ihnen. Ganz einfach.

## Wie Sie lernen, die Leine zu lieben

Vor allem der Mensch muss erst einmal lernen, die Leine als verlängerten Arm zu betrachten, als Wegweiser. Sie ist kein Strafmittel, sondern eine freundliche Begrenzung, weil der Hund die Situation nicht so gut einschätzen kann wie wir. Er wird nicht in seiner Persönlichkeitsentfaltung beschränkt, nur weil er zu bestimmten Zeiten an der Leine geführt wird. Stattdessen wird er beschützt, so, wie man auch ein Kind an der Hand führt, wenn die Umgebung unübersichtlich ist. Wenn wir aber die Leine immer nur einsetzen, wenn wir den Hund in »unsichere«, neue Situationen bringen, wird es ihm schwerfallen, sie als etwas Normales oder gar Positives zu begreifen.

Normalerweise leinen wir den jungen Hund an, wenn wir die sichere Wohnung oder den Garten verlassen, um uns in unsicheres Gelände zu wagen – auf die ersten Spaziergänge, die für einen ganz neuen jungen Hund zwar spannend, aber auch voller Stressmomente sind. Wir leinen den Hund an, wenn wir von Weitem einen fremden Hund sehen, der uns nicht geheuer erscheint. Wir leinen ihn an, wenn uns eine laut schnatternde Gruppe Schulkinder entgegenkommt. Die meisten Hunde bekommen auf diese Weise das Ge-

fühl, die Leine sei ein Zeichen dafür, dass gleich eine Stresssituation auf sie zukommt. Etwas später, wenn es mit dem Gehorsam einigermaßen klappt, leinen die meisten von uns den Hund dann an, wenn wir ihn bei irgendetwas unterbrechen wollen: Wenn er mit einem anderen Hund spielt und nicht kommen will, obwohl wir unbedingt nach Hause müssen. Oder wenn er gerade beschlossen hat, sich in einem wunderbaren, vor ewigen Zeiten verstorbenen Fisch zu wälzen. Kein Wunder, wenn er die Leine negativ verknüpft und nicht gerade Freudensaltos macht, wenn wir ihn mit der Leine in der Hand zu uns rufen, oder?

Zeigen Sie Ihrem Hündchen also, dass die Leine nicht das Ende aller Vergnügungen

**Die Leine ist keine Fessel,** auch wenn dieser Labradorwelpe genau das noch zu denken scheint. Aber bald wird er es besser wissen.

bedeutet, sondern der Wegweiser zu neuen Abenteuern ist. Leinen Sie ihn an, wenn Sie vor dem Fernseher mit ihm schmusen oder bevor Sie gemeinsam etwas spielen, bei dem er sich nicht gerade erhängen kann (wenn Sie Ihrem Welpen zum Beispiel »Pfötchen geben« beibringen oder mit ihm Ball spielen, kann er dabei ohne Weiteres eine dünne Leine tragen). Leinen Sie ihn kurz an, wenn Sie in den Garten gehen und leinen Sie ihn dort dann ab. Leinen Sie ihn an, um ihn »an der Leine« zu füttern, sagen Sie »Komm!«, während Sie mit Ihrem Hund zum Futterplatz gehen und geben Sie ihm sein Futter, während die Leine am Halsband bleibt. Leinen Sie ihn schnell an, wenn Sie gleich im Park mit ihm Ball spielen wollen, aber halten Sie ihm erst einmal fünf Meter lang den Ball vor die Nase,

um sich interessant zu machen (bevor das Spiel losgeht, leinen Sie ihn natürlich wieder ab). Leinen Sie ihn an, wenn Sie mit ihm über Baumstämme balancieren. Und leinen Sie ihn anschließend auf dem Rückweg über den Baum wieder ab.

## FESTHALTEN AM HALSBAND

Den Griff am Halsband oder am Geschirr muss man üben. Meistens packen Hundebesitzer ihren Hund nur dann am Halsband, wenn sie versuchen, ihn irgendwo hinzuschleifen, wo er nicht hinwill, oder ihn für irgendetwas zu bestrafen. Für gewöhnlich das Ergebnis: Der Hund weicht zurück, wenn man ihn am Halsband fassen will, macht sich stocksteif oder versucht sich sogar zu verteidigen. Das kann eine Katastrophe sein, wenn er einmal verloren geht und ein freundlicher Mensch versucht, ihn einzufangen, Sie ihn schnell aus einer gefährlichen Situation führen müssen, ein Kind ihn am Halsband packt oder Sie ihn unverhofft festhalten müssen. Also muss der Welpe lernen, dass der Griff nach ihm lustig ist. Haken Sie einen Finger ins Halsband oder Geschirr und führen Sie ihn daran weich und vorsichtig zu einer Superbelohnung, die in unmittelbarer Nähe (nur einen Schritt entfernt) liegt. Machen Sie das ein paarmal und steigern Sie dann die Entfernungen, sodass Sie den Welpen ein immer größeres Stück zur Belohnung führen.

Am anderen Ende der Leine warten eine Belohnung, ein Spiel und eine vergnügte, liebevolle Stimme.

≫ Lilly war ein ganz normaler, gut gelaunter Welpe, der wie ein menschliches Baby ständig Beschäftigung und Anleitung von seiner Menschengruppe brauchte. Bloß kümmerten die sich nicht darum. Morgens wurde sie eilig an der kurzen Leine neben dem Kinderwagen zur Kita hergezogen; für Spiele ohne Leine oder mit anderen Hunden war keine Zeit. Stattdessen wurde sie weitergezerrt, wenn sie neugierig einen Hund begrüßen wollte. Zu Hause spielte niemand mit ihr, ab und zu warf irgendwer ein Spielzeug, aber ansonsten blieb Lilly sich selbst überlassen. Sie langweilte sich, als sie die Fernbedienung entdeckte, die wunderbar nach ihren Menschen und nach Kartoffelchips roch, und kaute glücklich darauf herum. Der Druck der abgerundeten Kanten war angenehm für ihr schmerzendes Zahnfleisch, denn sie war im Zahnwechsel. Als der Mensch das sah, schrie er sie an, fuchtelte mit der Fernbedienung vor ihrem Gesicht herum und schüttelte sie. Lilly hatte keine Ahnung, was sie falsch gemacht hatte. Mit den Stofftieren im Kinderzimmer verhielt es sich genauso: Sie rochen gut nach den Kindern, die den ganzen Tag nicht da waren. Aber der erwachsene Mensch geriet außer sich, als sie damit spielte. Lilly wurde immer unsicherer. Sie langweilte sich halb zu Tode, konnte offenbar überhaupt nichts richtig machen, kläffte auf der Straße andere Hunde an, raste manchmal durch die Wohnung, um ihre Energie irgendwie loszuwerden, und rannte dabei alles um. Irgendwann brachte man sie ins Tierheim. Lilly wollte nichts fressen, wollte mit niemandem spielen, begann ihre Pfoten aufzunagen. Sie hatte Glück und wurde von einem jungen Paar adoptiert, das sich mit ihr beschäftigte. Sie reagierte gut, machte mit, freute sich über die ruhige Umgebung, die Spaziergänge … Es roch gut, sie bekam gutes Futter. Sie benahm sich mustergültig, um den Frieden nicht zu stören. Nach ein paar Monaten wurde sie sicherer und fing an, die neuen Grenzen zu testen. Niemand hatte ihr je gezeigt, was von ihr erwartet wurde. Also probierte sie aus, wie weit sie gehen konnte. Andere Hunde machten ihr Probleme, weil sie nie gelernt hatte, wie man sich ihnen gegenüber verhält. An der Leine bellte sie, ohne Leine rannte sie weg. Irgendwann bekam sie Angst und biss einen anderen Hund. Für ihre neuen Besitzer war das zu viel. Sie brachten Lilly zurück ins Tierheim. Sie gilt als ›schwer einschätzbar‹ und wird wohl auch dort bleiben. Leider ist diese Geschichte Realität für Tausende von Hunden jedes Jahr überall in der westlichen Welt, die als fröhlicher, aufgeweckter Welpe ins Leben starten und ohne liebevolle Führung, Verantwortung und Beschäftigung sich selbst überlassen werden. ≪

# Was der Hund sonst noch können sollte

**Je größer sein Lebensradius wird, desto mehr muss der Welpe lernen, damit er ein ständiger Begleiter und gesellschaftsfähig werden kann.**

## NICHT ANSPRINGEN

Für junge Hunde ist es ganz normal, an Menschen hochzuspringen. Sie möchten an unsere Gesichter heran und unsere Mundwinkel ablecken, wie man sich unter Hunden eben begrüßt. Solange sie kleine, zarte Welpen sind, finden wir das ausgesprochen niedlich.

*Bevor der Welpe begrüßt wird, muss er sich erst mal hinsetzen. Dasselbe gilt, wenn es an der Türe klingelt und Besuch kommt. Am besten lernt er das von Anfang an.*

Sobald sie dann allerdings fast ausgewachsene Matschkanonen sind, sind wir für derlei Liebesbezeugungen plötzlich nicht mehr so empfänglich: Das kann kein Hund verstehen. In menschlicher Gesellschaft ist das Anspringen nun mal nicht gern gesehen: Bei einem entsprechenden Hundegewicht ist es durchaus schmerzhaft, hinterlässt Dreckspuren – und für Kleinkinder oder wackelige ältere

Menschen kann es durchaus gefährlich werden, wenn ein erwachsener Hund sie anspringt. Also muss Ihr Welpe lernen, dass man Menschen eben anders begrüßt. Die ersten, die wir unter Kontrolle bekommen müssen, sind wir selbst: Wir können den Hund nicht morgens streicheln, wenn er uns anspringt, und nachmittags dafür bestrafen. Jeder in der Familie muss sich darüber im Klaren sein, dass der Hund ab jetzt nur noch gestreichelt, bespielt oder beachtet wird, wenn er alle vier Füße auf dem Boden hat. Bleiben Sie konsequent: wenn Sie das schon nicht schaffen, können Sie auch keine Stetigkeit von Ihrem Hund erwarten.

### Schon wieder: »Sitz!«

Begrüßen Sie Ihren Welpen nicht, bevor er nicht sitzt. Geben Sie ihm keinen Keks, bevor er nicht sitzt. Wenn es bestimmte Momente gibt, in denen Ihr Welpe vorhersehbar an Ihnen hochspringt – wenn Sie zur Tür hereinkommen zum Beispiel –, drehen Sie sich sofort weg von ihm, wenn er sozusagen Anlauf nimmt. Ignorieren Sie ihn dabei total. Wenn er es wieder versucht, drehen Sie sich erneut weg. Wenn er dann etwas ratlos stehen bleibt oder um Sie herumhüpft, können Sie ihn begrüßen – solange er Sie nicht berührt.

## »Ach, das macht doch nichts!«

Wenn Ihr Welpe auch jeden Besuch, der zur Tür herein möchte, begeistert anspringt, leinen Sie ihn an, bevor Sie die Haustür öffnen. Legen Sie zu diesem Zweck eine dünne Nylonleine neben die Haustür (wickeln Sie sie zum Beispiel um die Klinke), damit sie immer griffbereit ist. Lassen Sie Ihren Welpen hinter sich »Sitz!« machen: Der Sinn der Sache ist, dass Sie den Besuch zuerst begrüßen und nicht der Hund vorgeschickt wird. Sie haben die Sache im Griff, Sie »prüfen« die fremden Eindringlinge zuerst. Ihr Hund ist hinter Ihnen ganz »sicher«. Erst, wenn Sie beschlossen haben, dass der Besuch hereinkommen darf (und das tun Sie ja schon in dem Moment, in dem Sie ihn hereinlassen), darf der Hund mal gucken. Lassen Sie sich auch nicht von Ihrem Gast erklären, es mache ihm ü-ber-haupt nichts aus, wenn das Hündchen ihn anspringt: Ihnen macht es etwas aus. Und wenn das Hündchen einmal kein Hündchen mehr ist und sich einbildet, der Besuch käme ausschließlich seinetwegen, wird es auch diesem etwas ausmachen. Das verspreche ich Ihnen. Ihr Welpe muss überhaupt nicht begrüßt werden. Es ist nämlich Ihr Besuch. Wenn Ihr Welpe artig bei Ihnen sitzt, darf der Gast sich einmal kurz auch ihm zuwenden. Ignorieren Sie Ihren Welpen ansonsten; wenn Sie den Besuch in Küche oder Wohnzimmer bringen, darf der Hund Sie begleiten, soll sich aber anschließend zu Ihren Füßen ruhig verhalten.

Erst wenn Ihr Welpe brav sitzt, wird er von Ihnen und von Ihrem Besuch mit ruhiger Aufmerksamkeit belohnt.

## SACHEN HERGEBEN

Es ist sehr wichtig, dass Ihr Welpe rechtzeitig lernt, Spielsachen oder »Beute« an Sie abzugeben, wenn Sie ihn darum bitten. Erstens, weil Apportierspiele nur dann lustig sind, wenn Ihr Hund Ihnen den Ball auch wiedergibt, zweitens, weil Sie möglicherweise sein Leben retten, falls er irgendetwas Gefährliches oder Giftiges gefunden hat (oder auch nur etwas Widerliches, wie meine Hunde, die neulich im Wald einen Kalbsschädel entdeckt haben und der Überzeugung waren, der sei genau das, was in ihrer Spielzeugkiste noch fehlt. Fand ich nicht). Lernt Ihr Welpe das nicht früh und zuverlässig, werden Sie später große Probleme bekommen, wenn er etwas abgeben soll, das ihm attraktiv vorkommt. Deshalb sieht man ja auf Hundewiesen auch immer wieder Leute, die ihrem Hund hinterherrasen, weil der einen geklauten Ball partout nicht mehr abgeben möchte. Das mag ein guter Trick sein, um an die Telefonnummer des anderen Hundehalters zu kommen, aber manchmal möchte man ja absolut keinen näheren Kontakt …

Nehmen Sie ein Spielzeug Ihres Welpen in die eine Hand und einen Keks in die andere. Werfen Sie das Spielzeug ein Stück neben sich (nicht zu weit); der Welpe soll in Ihrem direkten Einflussbereich bleiben. Wenn er sich das Spielzeug schnappt, lassen Sie ihn ein bisschen damit herumlaufen und sagen dann: »Gib es mir!«. Gleichzeitig bieten Sie dem Hund den Keks an. Er wird das Spielzeug fallen lassen, Sie geben ihm den Keks und werfen das Spielzeug wieder einen Meter neben sich mit der Aufforderung: »Bring's!«, sagen »Fifi, komm!« und dann »Gib's mir!«, während Sie im Tausch wieder einen Keks anbieten. Wiederholen Sie den Vorgang 10- bis 15-mal. Im Nullkommanix lernt Ihr Welpe so, dass Abgeben zum Spiel dazugehört.

Tauschgeschäfte sind ein guter Trick, um dem Welpen spielerisch das Abgeben seiner »Beute« beizubringen.

## Sie sind kein Hundespielzeug – lassen Sie sich nicht anbeißen

Anfangs waren die einzigen »Spielsachen« Ihres Welpen seine Geschwister und seine Mutter. Er zog an ihren Ohren, ihren Ruten, ihren Beinen, er biss in jedes Körperteil, dessen er habhaft werden konnte, und zog kräftig daran. Wenn das Spiel zu doll wurde, schrie das Geschwisterchen auf, schnappte zu und machte anschließend nicht mehr mit. Sie müssen das genauso machen: Ihre Hände, Ärmel, Hosenbeine oder Knöchel sind kein Spielzeug. Sie erinnern sich an den Slogan »Mein Körper gehört mir«? Jetzt bekommt er eine völlig neue Bedeutung.

Hunde, die gelernt haben, dass man spielerisch in menschliche Körperteile beißen darf, passen möglicherweise in der Hitze des Gefechts nicht mehr auf, wie doll sie eigentlich zubeißen. Oder sie finden es in Ordnung, hinter einem dreijährigen Kind herzurennen und es an seinen kleinen köstlichen dicken Waden festzuhalten (erklären Sie dem Kind dann mal, der wolle »nur spielen«).

Wenn Ihr Welpe also Ihre Hände mit einem Quietschespielzeug verwechselt, gibt es zwei Lösungen. Sobald er mit den Zähnen den geringsten Druck auf Ihre Hand ausübt, jammern Sie laut »Auauauauuuu!«, damit er sich erschrickt und sofort loslässt. Jetzt gilt es, seine Aufmerksamkeit sofort auf ein Spielzeug umzulenken und damit zu spielen. Bei manchen Hunden führt ein lautes »Aua« allerdings dazu, dass sie noch aufgeregter werden und noch doller zubeißen. In diesem Fall stehen Sie sofort auf und unterbrechen das Spiel, indem Sie empört weggehen. Nach ein paar Minuten kommen Sie zurück und beginnen ein Spiel mit einem Objekt, einem Tuch, einem Spielzeug, einem Ball. Wenn Ihr Welpe hinter Ihnen her rennt und versucht, in Ihre Knöchel oder Hosenbeine zu beißen, werfen Sie etwas Klapperndes zwischen Ihre Beine, zum Beispiel einen Schlüsselbund oder eine kleine mit ein paar Steinchen gefüllte Plastikflasche. Achten Sie darauf, dass Sie nicht Ihren Hund treffen. Er soll von dem Geräusch

Derlei mag bei einem jungen Welpen ja ganz nett sein, bei einem halbwüchsigen oder erwachsenen Hund ist es ein echtes Problem.

Für Menschen eine selbstverständliche Geste, für manche Hunde der Auslöser von Platzangst: An Umarmungen müssen Hunde sich erst gewöhnen. Kinder und Hunde müssen lernen, wie weit sie miteinander gehen können.

nur überrascht werden und aufhören, Ihre Knöchel zu attackieren. Wenn er sich begeistert auf den Schlüsselbund oder die Flasche stürzt, ist das egal. Er sollte Ihre Hosenbeine in Ruhe lassen und das hat er nun getan. Die meisten Hunde verstehen schon nach wenigen Malen genau, was gemeint ist.

## SICH UNKONVENTIONELL ANFASSEN LASSEN

Erwachsene Menschen fassen Hunde meist »politisch korrekt« an: Sie streicheln angenehm in eine Richtung, ziehen sie nicht an den Ohren, kneifen und begrapschen sie nicht. Dabei wäre es besser, dies zu tun. Je früher Sie Ihren Hund ganz freundlich an »unorthodoxe« Behandlung gewöhnen, desto weniger wundert er sich, wenn er

irgendwann von einem Kind auf eine Art und Weise angefasst wird, die er vielleicht nicht ganz einschätzen kann und die ihn erschreckt. Wenn Sie Ihr Hündchen liebevoll (und natürlich ohne Schmerz zuzufügen!) an den Ohren und am Schwanz ziehen, mit ihm spielen und ihn fröhlich in die Seite kneifen (so, wie Sie auch eine Freundin im Scherz kneifen würden), ihn ein bisschen an den Haaren ziehen und ihn absichtlich mal ein bisschen heftiger gegen den Strich streicheln oder bürsten, desto weniger wird er erschrecken, wenn ein Kind derlei einmal wider besseren Wissens grob tut.

Das Ganze ist auch eine gute Vorbereitung, falls Sie Ihren Hund später einmal zum Therapiehund oder Ähnlichem ausbilden wollen. Ich habe diese »Behandlung« immer und mit allen meinen Hunden gemacht, weshalb sie nie erschrocken reagierten, egal wie unmotorisch oder ungeübt kleine Kinder oder Palliativpatienten mit ihnen umgingen: Sie kannten das ja. Es war nur ein bisschen grober, als ich es je machte. Aber das störte keinen großen Geist.

## AUTOFAHREN

Viele Welpen finden Autofahren anfangs gar nicht lustig, sondern sind sehr unruhig, zittern, speicheln und / oder übergeben sich sogar. Machen Sie sich nicht zu viele Sorgen: Die meisten wachsen aus der Autokrankheit wieder heraus. Bei jungen Hunden ist der innere Gehörgang noch nicht vollständig ausgebildet, weshalb auch das Gleichgewichtsorgan im Innenohr noch nicht 100-prozentig funktioniert. Ein Problem, das sich meist von selbst löst, wenn das Hündchen langsam ausgewachsen ist.

Sorgen Sie in der Zwischenzeit dafür, dass Autofahren eine (einigermaßen) angenehme Angelegenheit ist. Fahren Sie mit dem Welpen nur Auto, wenn er nicht vorher gefressen hat. Setzen Sie ihn in eine Hundebox, sodass er keine Bäume, Wolken, Autos oder andere Dinge durchs Fenster »vorbeifliegen« sieht. Unternehmen Sie ganz kurze Autofahrten – einmal um den Block oder einmal die Straße hinunter zum nächsten Park, wo Ihr Hündchen sofort etwas Besseres zu tun hat, als lang über die vergangene Fahrt des Grauens nachzudenken. Mithilfe vieler gut gelaunter Autofahrten lernt Ihr Welpe recht bald, dass solche Kurzreisen immer ein Happy End haben und dass sie etwas sind, worauf man sich freuen kann.

Genießen Sie es, wenn Ihr Welpe sich auch einmal alleine beschäftigt, und mischen Sie sich nicht ein. Dieser junge Elo ist vollauf mit dem Bällchen beschäftigt – und dabei glücklich.

» Der zweithäufigste Satz, den ich immer wieder höre, wenn es um einen Hund geht, ist: ›Wir hätten auch gerne einen Hund, aber damit ist man so angebunden.‹ Wobei sich das Angebundensein vor allem auf die Ferienzeit zu beziehen scheint. Klar ist man mit einem Hund angebunden. Andererseits kommt ›gebunden‹ sein doch von Bindung. Bindung hat mit der Beziehung zwischen zwei Menschen oder zwischen Mensch und Hund zu tun. Würde ich keine Familie haben wollen, nur damit ich an Weihnachten nicht vor dem Problem stehe: Wohin mit Oma? Manche Hundehalter ziehen ihren Hund sogar regelmäßigen Ferien in der Karibik vor, weil der Hund eine Art tägliche Ferien für sie ist. Die Gassirunde, die man tagaus, tagein im immer gleichen Tempo absolviert, wird durch den Hund eben doch zu einem spannenden Ausflug.

Die Qualität einer Beziehung lässt sich dabei nur am Grad des Vertrauens messen. Meine Hunde haben mich Hunderte von Malen beruhigt und besänftigt. In unheimlichen Kindheitsnächten haben sie dafür gesorgt, dass Albträume mir nicht folgen konnten. Bis heute traue ich mich mit meinen Hunden überallhin, bei Tag und bei Nacht. Weil ich weiß, dass ich mit ihnen völlig in Sicherheit bin. Unverbindliche Beziehungen haben wir doch alle schon mehr als genug: Zu Facebook-Freunden, zu den Nachbarn, zur Verkäuferin in der Bäckerei. Lauter Beziehungen, die uns keine Rücksicht abverlangen und uns unsere Zeit frei einteilen lassen. Hund und Mensch dagegen verknüpft ein unsichtbares Band, eine Art Geheimbund, das es meinen Hunden und mir erlaubt, einander fast blind zu vertrauen. Das kann niemand wissen, der derlei nie erlebt hat.

Eine Bindung zwischen Mensch und Hund muss wie jede Beziehung wachsen und gepflegt werden. Anfangs ist das Band meist noch zart, aber im Laufe der Zeit kann es dicker, reißfest und stabiler werden. Sicher, das passiert nicht von alleine: Wie an jeder Beziehung muss man auch an der Beziehung zum Hund arbeiten. Muss gemeinsame Abenteuer und Dramen erleben, eine Liebesgeschichte zulassen und Enttäuschungen hinnehmen können. Das alles gehört zur Zweisamkeit dazu. Und ohne Zweisamkeit keine Beziehung, ohne Beziehung keine Bindung. Das ist mir das bisschen Bürsten, Spazierengehen, Spielen und Staubsaugen wert.Übrigens, der häufigste Satz, den ich zu hören bekomme, ist: ›Hunde machen doch so viel Arbeit!‹ Das stimmt. Viel mehr als beispielsweise ein Fernseher. Aber versuchen Sie mal, mit einem Fernseher Frisbee zu spielen. «

# Hundekind
# allein zuhaus

Jeder muss irgendwann einmal aus dem Haus und seinen Hund alleine lassen. Ein Vierbeiner, dem das nichts ausmacht und der entspannt ein paar Runden schläft, bis Sie wieder daheim sind, ist ein großes Geschenk. Es lohnt sich, dieser Aufgabe größte Aufmerksamkeit zu widmen.

Grundsätzlich ist es wieder ganz ähnlich wie bei kleinen Kindern: Wenn Verlustangst zu früh ausgelöst wird, scheint sie tiefer zu sitzen und schwerer zu überwinden zu sein, als wenn man das Alleinebleiben in einem Alter lernt, in dem das Selbstbewusstsein und das Vertrauen schon größer sind. Alle mir bekannten Hunde, die zur Freude der Nachbarn stundenlang bellen, wenn sie alleine sind oder gar die halbe Wohnung auseinandernehmen, mussten schon mit zehn, zwölf, sechzehn Wochen über längere Zeiträume hinweg alleine bleiben. Tatsächlich ist das Nicht-alleine-bleiben-Können ein sehr häufiger Grund dafür, dass Hunde abgegeben oder ins Tierheim gebracht werden.
Ich persönlich lasse meine Hunde in den ersten sechs Monaten überhaupt nicht allein (obwohl sie ja unter den anderen Hunden in guter Gesellschaft wären). Stattdessen setze ich in meiner Abwesenheit eine Freundin, eine Nachbarin oder einen Hundesitter ins Wohnzimmer, die das Hündchen auch hinauslassen können, wenn es aufs Klo muss.

## AUCH ALLEINSEIN WILL GELERNT SEIN

Ein junger Hund läuft einem gewöhnlich auf Schritt und Tritt hinterher: Das ist sein Überlebensreflex, denn draußen wäre er ohne Sie verloren. Deshalb muss er auch so ein Theater machen, wenn er Sie »verliert«, damit Sie ihn gleich wiederfinden und ihn retten können. Und genau deshalb dürfen Sie ihn auch nicht schimpfen oder gar bestrafen, wenn Sie wiederkommen, egal was für einen Krawall er gemacht hat. Seiner Meinung nach ist er nur knapp dem Tode entronnen. Beschimpfen Sie ihn, stresst es ihn nur noch mehr, wenn Sie weg sind: Er ist völlig verzweifelt, weil er alleine ist. Gleichzeitig erinnert er sich, dass es letztes Mal richtig Ärger gab, als Sie wiederkamen – auch wenn er nicht versteht, warum. Natürlich müssen Sie das Alleinsein erst einmal üben, bevor Sie Ihren Welpen dann wirklich alleine lassen. Fangen Sie dabei ganz klein an: Nehmen Sie Ihren Hund nicht überallhin mit. Gehen Sie allein auf die Toilette und machen Sie bewusst die Tür vor seiner

»Dabei sein ist alles«, scheint nicht nur dieser Spitz zu denken. Es ist das Motto aller Hunde. Trotzdem ist es lebensnotwendig, dass sie lernen, auch mal alleine zu bleiben.

Nase zu. Gehen Sie kurz ohne ihn in den Keller oder zum Briefkasten und sperren Sie ihn manchmal aus, wenn Sie in der Küche herumwurschteln oder telefonieren.

**Ein Welpe, der seinem Menschen ständig an den Fersen klebt und überallhin folgt, hat Angst, dass er einfach so allein gelassen wird.**

Sie können ihn auch einfach einmal am Tag mit einem Lieblingskauknochen in seine Box setzen, während Sie den Raum verlassen. Auf diese Weise bringen Sie ihm bei, dass es nichts Ungewöhnliches ist, wenn Sie aus seinem Blickfeld verschwinden. Wenn er anfangs herumjammert, ignorieren Sie ihn und öffnen die Tür der Box erst wieder, wenn er gerade still ist.

Bevor Sie den Hund »aussperren«, sagen Sie immer die gleichen Worte in der gleichen Melodie (zum Beispiel: »Bleib da, ich komme gleich wieder.«). Auf keinen Fall dürfen Sie sich hinausschleichen, wenn der Welpe eingeschlafen ist. Er bekommt wirklich Panik, wenn er aufwacht und keiner mehr da ist. Damit ihm das nicht noch einmal passiert, wird der Hund in Zukunft praktisch an Ihnen »kleben« und Ihnen auf Schritt und Tritt folgen. Ein Hund dagegen, der in den entscheidenden Monaten immer jemanden bei sich hat, wächst mit dem Vertrauen auf, dass man prinzipiell für ihn da ist.

Wenn Ihr Hündchen viereinhalb bis fünf Monate alt ist, müsste es sich daran gewöhnt haben, dass Sie ihn immer wieder einmal über ganz kurze Zeiträume hinweg allein lassen. Jetzt können Sie üben, auch einmal zwanzig Minuten zu verschwinden. Spielen Sie vorher mit dem Welpen oder gehen Sie ein bisschen spazieren, damit er müde ist. Sorgen Sie auch dafür, dass er vorher aufs Klo gehen kann. Geben Sie ihm einen Kauknochen oder ein gefülltes Futterspielzeug, damit er beschäftigt ist. Machen Sie kein dramatisches Ereignis aus Ihrem Abgang. Sagen Sie wie immer Ihr Sprüchlein (»Bleib da, ich komme gleich wieder.«) und schließen Sie die Tür hinter sich. Wenn Sie bei Ihrer Rückkehr feststellen müssen, dass Ihr Hund ein unglaubliches Theater gemacht hat, gehen Sie in der Erziehung noch einmal zwei Schritte zurück. Lassen Sie ihn das nächste Mal kürzer allein und sorgen Sie dafür, dass er noch müder ist.

## Kleiner Hund, kleiner Raum

Auch die Umgebung, in der Ihr Welpe alleine bleiben soll, hat einen ziemlich großen Effekt darauf, wie sicher er sich fühlt. Viele Leute stellen das Radio oder den Fernseher an, wenn sie ihren Hund alleine lassen. Sie tun das nicht, weil sie ihren Hund für so doof halten, dass er glaubt, er wäre dann nicht allein. Nein, sie wollen Geräusche von draußen (Hundegebell, Gehupe, kreischende Kinder) dämpfen, damit sie den Hund nicht aufregen

oder zum Bellen animieren. Ich persönlich schalte meinen iPod an, wenn ich länger aus dem Haus muss, und tröste meine Hunde in einer endlosen Elvis-Presley-Schleife über meine Abwesenheit hinweg. Fröhliche klassische Musik ist auch sehr effektvoll (wohingegen Rammstein, Marilyn Manson, White Snake, Zweitonmusik oder Wagner Hunde zu sehr verstören und daher für ausgleichende Beruhigungszwecke weniger geeignet sind). Viele Hunde empfinden es auch als angenehm, wenn der Raum, in dem sie alleine bleiben sollen, nicht allzu groß ist. Lassen Sie

Solche Waisenkinderaugen machen es einem richtig schwer, das Haus zu verlassen. Bleiben Sie aber tapfer! (Beagle-Welpe)

Wenn Sie nach Hause kommen, bleiben Sie ganz ruhig, machen Sie kein Theater, damit Ihr Hund nicht lernt, Ihre Rückkehr mit wachsender Nervosität zu erwarten.

den Welpen zum Beispiel in der Küche oder im Flur und schließen Sie alle anderen Türen. Dann hat er auch weniger Möglichkeiten, die Computerkabel neu zu sortieren und Überlängen abzunagen, Klopapier abzurollen, im Schuhschrank aus Ihren Pumps Sandalen zu machen oder sich irgendwelchen anderen Unsinn auszudenken.

## DIE RÜCKKEHR: KEINE GROSSE SACHE

Damit Ihr Hund entspannt bleibt, wenn er alleine ist, ist es auch wichtig, wie Sie sich bei Ihrer Rückkehr verhalten. Wenn Sie ihn immer sehr emotional und außer Rand und Band vor Glück begrüßen, wird er ziemlich schnell lernen, sich Ihnen und Ihren Gästen gegenüber genauso hysterisch zu benehmen. Natürlich soll er sich freuen, wenn Sie nach Hause kommen (ich meine: Das ist einer der Gründe, warum wir einen Hund haben wollen!). Aber er soll nicht ausrasten. Sie waren schließlich nicht drei Monate lang in der Antarktis verschollen, sondern nur mal eben in der Reinigung. Begrüßen Sie ihn stattdessen ruhig, ohne Theater und ohne Aufregung, mit ruhiger Stimme, ohne in die Hände zu klatschen oder ihn irgendwie aufzuregen. Sie dürfen sich natürlich freuen, aber wenn Sie die Erregung steigern, steigern Sie auch seine Erwartungserregung, während er auf Sie wartet. Und wenn Sie Pech haben, muss er sich und seine ständig steigende Aufregung dann irgendwie abreagieren, zum Beispiel an der hübschen antiken Kommode im Flur oder an den Teppichfransen. Und das wäre doch wirklich schade.

>> Aus irgendwelchen Gründen glauben Menschen immer wieder, dass das Hundehirn genauso funktioniert wie unseres. Dies ist ein Fehler – nicht nur, weil es allem widerspricht, was wir je über die Intelligenz und das Abstraktionsvermögen des Menschen gelernt haben, sondern weil es Erwartungen an den Hund stellt, die er unmöglich erfüllen kann. Neulich wandte sich eine Frau an mich, deren gewöhnlich freundlicher und wohlerzogener Rottweiler Robbie das ganze Haus auseinandernahm, seit sie nach Jahren zu Hause wieder zur Arbeit ging. Aus dem Büro zurück fand sie regelmäßig den Inhalt des Mülleimers im Haus verteilt. Der Hund hatte in jeden Raum gepieselt. Er zerkaute systematisch sämtliche freiliegenden Kabel und heulte so laut, dass die Nachbarn sich beklagten. Robbie, so lautete ihre Theorie, wollte sich mit seinem schlechten Benehmen an ihr rächen, weil er weniger Aufmerksamkeit bekam als früher. Indem er ihr nicht mehr gehorchte, wollte er ihr heimzahlen, dass er allein gelassen wurde. Irrtum! Auf einen Menschen wütend zu sein und sich aus Trotz danebenzubenehmen: Das ist ein Gedankengang, den ein Hundegehirn nicht leisten kann. Stattdessen war Robbie völlig verunsichert, dass er so lange alleine war. Er fürchtete sich. Wenn sein Frauchen zu Hause war, gab sie die Regeln und Abläufe vor. Als sie plötzlich viele Stunden nicht mehr da war, wusste der Hund nicht mehr, wie er sich verhalten sollte. Man hatte ihn ganz einfach nicht daran gewöhnt, alleine zu sein. Viele Hunde werden nervös, wenn sie nicht einschätzen können, was von ihnen erwartet wird. Sie sind unruhig, bellen, zerkauen irgendetwas oder kratzen herum. Sie hinterher anzuschreien und zu bestrafen macht wenig Sinn. Wenn keiner da ist, der ihnen sagt, dass ihr Verhalten falsch ist, wie sollen sie dann wissen, dass sie sich falsch verhalten? Auch Robbie hatte keine Ahnung, dass sich das Arbeitsleben seines Frauchens verändert hatte. Er reagierte nicht auf Gefühle und überlegte sich auch keinen Rachefeldzug. Er war einfach alleine und langweilte sich. Kaum ließ sein Frauchen ihn in einem Raum mit leise murmelndem Radio allein und engagierte einen Hundesitter, um regelmäßig mittags mit Robbie spazieren zu gehen, wurde alles gut. Hunde sind nicht hinterhältig oder gehässig. Sie lieben einfach Routine: Nichts scheint ihnen mehr Sicherheit zu geben, als jeden Tag in etwa das Gleiche zu tun: Hier essen wir, dort gehen wir aufs Klo, da drüben spielen wir, diesen Weg gehen wir morgens lang ... Es ist erstaunlich, wie wenig nötig ist, Hunde zu erfreuen. Wie einfach ihr Leben sein kann, wenn wir ihnen Sicherheit geben. Es sollte uns ein Leichtes sein. **<<**

# KLEINER
# HUND, GROSSE WELT

# Unter Hunden

Hunde wissen nicht instinktiv, wie man sich in einer Gruppe mit anderen Hunden verhalten soll – so, wie Menschen auch nicht instinktiv wissen, wie sie sich auf einem eleganten Abendessen zu benehmen haben.

Hunde lernen gute Umgangsformen im Umgang mit anderen Hunden. Am leichtesten zu beeinflussen sind sie als Welpen. Im Spiel mit ihren Geschwistern und Verwandten üben sie von Anfang an, wie man sich in der Hundewelt da draußen benimmt. Sie lernen, dass eine Verbeugung und ein anschließender Hopser als Spielaufforderung gemeint sind. Oder dass ein Spiel, wenn man zu doll beißt oder zu wild wird, ganz plötzlich zu Ende ist, weil keiner mehr mitmacht.

Leider lernen Welpen zu Hause noch nicht genug fürs Leben. Manchmal verlassen sie das Nest zu früh. Vielleicht trennt auch der Züchter die Mutterhündin zu früh von den Welpen, sodass sie nicht ausreichend erzieherisch einwirken kann. Es gibt auch einfach »faule« Mütter, die ihre Babys nicht genug erziehen. Schwierig wird es auch, wenn der Welpe anschließend in ein Umfeld kommt, in dem er wochenlang wenig oder gar keinen Kontakt zu anderen, gut sozialisierten Hunden hat. Dieses »Erziehungsloch« kann er später kaum noch aufholen.

Andere Artgenossen im gleichen Alter wissen schon, dass man erwachsenen Hunden nicht ins Gesicht springt. Sie heften sich nicht wildfremden Terriern an die Fersen, die einfach ihre Ruhe haben wollen, und rennen auch nicht einfach auf fremde Hunde zu, wenn sie sie sehen.

## WELPENGRUPPEN – DIE GUTEN UND DIE SCHLECHTEN

Manche Welpen sind echte Rüpel. Andere sind unglaublich freundlich, sorgen aber trotzdem andauernd für Unruhe, weil sie davon ausgehen, dass alle anderen Hunde sich grundsätzlich wahnsinnig freuen, sie zu sehen. Ihr übertriebenes »Hallo, wie geht's?« ist ein ziemlich massiver Faux-Pas in der Hunde-Etikette.

In einer guten Welpengruppe lernt Ihr Welpe manierliche Begrüßung und anständige Manieren gegenüber anderen Hunden. Aber sehen Sie sich die Welpengruppe vorher an:

- Werden die Welpen nach Größe und Gewicht »sortiert«? Es sollten möglichst nur Welpen miteinander spielen, die einander körperlich gewachsen sind. Ein Malteserwelpe sollte nicht mit einem Schäferhund- oder Viszlawelpen spielen. Er kann weder von seinem Körpergewicht noch von seiner Motorik und Kraft mithalten und wird nur lernen, dass große Hunde eine wirklich erschreckende Sache sind. Später wird er sich furchtbar wehrhaft aufführen, sobald er einen Schäferhund nur von Weitem sieht, um von vornherein auszuschließen, dass er wieder so überrannt und überrollt wird, wie es ihm in seiner Kindheit passiert ist. Der Satz »Das regeln die schon von alleine!« hilft Ihrem Welpen nicht weiter, wenn ein Welpe mit dreifacher Größe auf ihm herumhopst: Derlei Spiele müssen umgehend unterbrochen werden.

*Bevor Sie in eine mittelmäßige oder schlechte Welpen-Spielstunde gehen, gehen Sie lieber gar nicht: Der Schaden, der dort durch Unverstand und Ahnungslosigkeit beim Welpen angerichtet werden kann, lässt sich kaum wieder reparieren.*

- Der Trainer/Leiter der Spielgruppe muss darauf achten, dass das Spiel in geordneten Bahnen bleibt, dass die Welpen nicht anfangen, einander zu mobben oder einer der Welpen Angst bekommt. Es ist normal und richtig, wenn ein fremder Hund Ihren superfrechen Wüstling eingrenzt. Es ist aber etwas ganz anderes, wenn Ihr Hündchen versucht zu spielen und von einem größeren, stärkeren Welpen sozusagen »platt gespielt« wird.
- In einer guten Welpengruppe wird das Spiel immer wieder unterbrochen, um den Fokus der Welpen wieder auf ihre Besitzer zurückzulenken. Die Hunde sollen zu ihren Besitzern zurückkommen und sich mal eben hinlegen, bis alle wieder ganz entspannt sind. Wenn die Welpen auf ihre Menschen achten, dürfen sie als Belohnung wieder zurück zum Spiel. Auf diese Weise läuft das Spielen nicht aus dem Ruder und die Welpen lernen Impulskontrolle.
- Manche besonders rüpelhafte Welpen brauchen eventuell zusätzlich Einzelunterricht oder müssen mit Spielpartnern üben, die ihrer Energie und Größe und ihren besonderen »Etikette-Bedürfnissen« entsprechen. So müssen beispielsweise manche Welpen, die sich angewöhnt haben, so wild zu spielen, dass die Knochen krachen, mit einem sorgfältig ausgewählten, souveränen, selbstbewussten und sehr entspannten erwachsenen Hund spielen. Der macht ihnen klar, dass penetrantes, aufdringliches Benehmen nicht toleriert wird und sie Warnsignale wie Anstarren oder Zähnezeigen beachten müssen – weil's sonst etwas setzt. Meine Pudelin Luise ist so ein Hund. Sie hat schon vielen überimpulsiven Welpen sehr deutlich gezeigt, wie man sich benimmt, ohne dabei je einem Welpen wehgetan zu haben oder sich ihrerseits wirklich aufzuregen: Ein kleiner Schubs ins Genick – und beim nächsten Mal reicht bereits ein leichtes Schürzen der Oberlippe.

## DIE HUNDEWIESE IM PARK

In den ersten zwei Monaten würde ich Ihnen dringend davon abraten, den Welpen auf die Hundewiese im nächsten Park zu schleppen. Grundsätzlich sind solche Hundewiesen eine lustige Angelegenheit: Man sieht sich und wird gesehen, die Hunde können toben, die Besitzer sich austauschen und Hund und Mensch können Freundschaften knüpfen. Nur können Sie leider nicht absehen, was für Hunde und Menschen Sie dort treffen werden. Meiner Erfahrung nach kümmern sich die anderen Hundebesitzer auf diesen Hundewiesen zu wenig um ihre Hunde. Sie unterhalten sich lieber, anstatt darauf zu achten, ob ihr Hund andere Hunde mobbt oder selbst gemobbt wird – was bei einem jungen Hund einen nachhaltig miserablen Eindruck hinterlassen kann (und ganz nebenbei auch für ältere Hunde nicht besonders toll ist). Und Sie selbst sind noch einigermaßen unsicher, was geht und was nicht (selbst ich, die ich mich wie der Robin Hood aller unverstandenen und schwachen Hunde dazwischenwerfe, habe in manchen Situationen echt versagt). Es ist daher viel besser, Ihr Welpe lernt andere Hunde erst einmal in einem kontrollierten Umfeld kennen, in einer ruhigen, übersichtlichen Umgebung, wo Sie auf einzelne Hunde treffen und nicht auf Horden (also zum Beispiel bei Verabredungen mit anderen Welpen oder in einer Welpengruppe). Wenn Sie weit und breit keine anderen jungen Hunde treffen, fragen Sie Ihren Tierarzt, ob er nicht einen netten, passenden Welpen kennt. Es wird sich sicher ein Spielpartner finden.

Junge Hunde müssen natürlich den Umgang mit fremden Hunden lernen – aber immer ihren individuellen Möglichkeiten angepasst.

Ein Regenschirm ist ein seltsames Ding. Gehen Sie an den Schirm heran, fassen Sie ihn an und reden in begeistertem Ton zu Ihrem Hund: »Guck' mal, wie spannend!«. Dieser junge Golden Retriever scheint schon überzeugt zu sein.

## WENN IHR WELPE ÄNGSTLICH REAGIERT

Wenn Ihr Welpe ängstlich reagiert, weil ihm irgendetwas komisch vorkommt oder er sich an einem merkwürdigen Stein oder Gummistiefel nicht vorbeitraut, sollte es Ihr oberstes Ziel sein, ihn wieder in einen fröhlichen und entspannten Zustand zu bekommen. Das gelingt am besten, indem Sie ihn ablenken – nicht indem Sie auf seine Ängste eingehen und ihn mit beruhigender Stimme zu »trösten« versuchen. Eine solche Stimmlage (denn Ihre Worte versteht er ja nicht) wird ihn nur darin bestärken, dass das, wovor er sich fürchtet, auch in Ihren Augen eine gruselige Sache ist. Wenn Sie allerdings mit Hurra etwas anderes machen, wird er sich ablenken lassen, mitmachen und sich darauf verlassen, dass die Angst wohl nicht nötig ist. Manche Leute hoffen, dass es den Welpen »abhärtet«, wenn sie ihn gezielt in Situationen bringen oder mit Dingen konfrontieren, vor denen er sich fürchtet. Das kann jedoch leider das genaue Gegenteil bewirken: Stellen Sie sich vor, Sie fürchten sich wirklich zutiefst vor Schlangen, und irgendjemand zwingt Sie dazu, sich direkt neben eine Boa Constrictor zu setzen, damit Sie merken, dass das doch gar nicht so schlimm ist.

Viele Welpen fürchten sich vor Dingen, die gestern noch nicht an dieser Stelle standen: Schneemänner, riesige schwarze Gummistiefel, seltsam aussehende Haufen. Lassen Sie Ihren Welpen ruhig einen großen Bogen um das seltsame Ding machen. Gehen Sie Ihrerseits aber selbstsicher darauf zu, während Sie fröhlich mit Ihrem Hund sprechen und fassen Sie das Ding an. Wenn der Welpe jetzt unsicher und zweifelnd hinzukommt, loben Sie ihn ganz ungeheuerlich: Er traut sich schließlich was und überwindet sich – weil er Ihrem Urteil traut.

# Beziehungssache: Spielen

Alles, was Sie mit Ihrem Welpen unternehmen, dient dazu, die Bindung zu Ihrem Hund zu vertiefen. Bindung entsteht nun einmal durch Vertrauen und Zusammenarbeit.

Anfangs ist das Band der Beziehung noch recht zart: Sie und Ihr Welpe kennen einander kaum und verlassen sich noch nicht so richtig aufeinander. Mit den richtigen Spielen lernen Sie einander immer besser kennen. Können Sie sich erinnern, wie Sie als Kind gerade im Spiel gelernt haben, ob der andere ein guter Verlierer ist, ob er strategisch denken konnte, ob er gute Ideen hatte? So ähnlich funktioniert das auch mit Ihrem Welpen. Es gibt lustige und stupidere Spiele. Man kann zum Beispiel Ballwerfen spielen, was in meinen Augen zwar das allereinfachste Spiel ist, aber auch eines der langweiligsten: Man wirft den Ball, der Hund bringt ihn (hoffentlich) zurück, man wirft ihn wieder, der Hund bringt ihn zurück, man wirft ihn wieder … Sicherlich wird der Hund davon irgendwann müde, aber sein kleines Hirn muss er für dieses Spiel nicht anstrengen. Es spielt für Ihren Hund auch keine Rolle, wer den Ball wirft. Er ist ja nur auf dieses kleine runde Ding konzentriert. Ich jedenfalls mag lieber Spiele, die etwas mehr gemeinsame Interaktion erfordern. Ich bin doch keine Ballmaschine.

Stattdessen können Sie den Ball im Gebüsch (oder unterm Regal) verstecken und Ihren Welpen danach suchen lassen. Für ein »Platz! Bleib!« ist er zwar noch ein bisschen zu klein. Aber eine andere Person kann ihn festhalten (oder Sie binden ihn kurz an einen Baum oder an den Tisch), sodass er sieht, wo Sie denn Ball verstecken. Dann lassen Sie ihn mit dem Wort »Such!« los und rennen mit ihm zusammen zum Gebüsch.

Auch gut: Lassen Sie den Welpen im Nebenzimmer warten und verteilen Sie hänsel- und gretelartig Trockenfutter oder Hundekekse als Spur auf dem Boden, unterm Regal, unterm Sofatisch, unter dem Hundekissen, unter einem Handtuch oder in einer alten Socke (Schwierigkeitsgrad immer dem Entwicklungsstadium des Hundes anpassen!). Holen Sie den Welpen ins Zimmer und schicken Sie ihn los: »Such die Kekse!«. An manche kommt er womöglich ohne Ihre Hilfe nicht heran. Wenn er davorsteht, es erfolglos versucht und Sie irgendwann ratlos ansieht, helfen Sie ihm und loben Sie ihn dafür, dass er Ihnen gezeigt hat, wo der Keks liegt.

## FUTTERSPIELE

Manchmal muss das Hündchen sich einfach mal eine Weile alleine beschäftigen, was gar nicht so einfach ist, wenn man erst ein paar Wochen alt ist, sich langweilt und zu viel Energie hat.

Im Fachhandel gibt es verschiedene Spielsachen, die sich mit Futter befüllen lassen, das Ihr Hund dann herausfriemeln kann, wenn Sie sich wichtigeren Dingen widmen, wie zum Beispiel dem Broterwerb. Gleichzeitig schult dieses Spielzeug die Kombinations- und Problemlösefähigkeiten Ihres Welpen.

*Futterspielsachen sind eine fabelhafte Erfindung, damit der Welpe sich mal eine Weile konzentriert alleine beschäftigt.*

Es gibt zum Beispiel Bälle oder Eier, die man mit Hundekuchen oder Trockenfutter befüllen kann, und die der Hund dann durch die Wohnung kicken und rollen, um- oder hochwerfen muss, um an das versteckte Futter heranzukommen.

Bei anderen Spielzeugen schmiert man etwas Frischkäse, Erdnussbutter (ohne Salz und Zucker) oder Hundeleberwurst (ohne Salz und Gewürze) in dafür vorgesehene Öffnungen, die der Hund dann herauslecken muss. Sie können auch einfach etwas Futter in eine leere Klopapier- oder Küchenrolle stopfen und anschließend beide Seiten mit zerknülltem Küchenpapier verschließen. Oder Sie befüllen einen Karton mit reichlich zerknülltem Zeitungspapier und einzelnen Hundekuchen und einem Futterball.

Diese befüllbaren Futterspielsachen können Sie zusätzlich noch wunderbar verstecken: Lassen Sie den Welpen »Sitz!« machen (leinen Sie ihn vorher an und knoten Sie die Leine am Tischbein fest) und verstecken Sie dann das Futterspielzeug so, dass er es gerade noch sehen kann. Später, wenn er schon ein geübter Suchhund ist, können Sie die Spielsachen in einem anderen Raum verstecken.

### Hütchenspiel

Für dieses Spiel brauchen Sie mehrere alte Hüttenkäse- oder Joghurtbecher (Ihr Welpe ist ja noch klein und leicht zu beeindrucken; für einen erwachsenen Hund brauchen Sie später dann etwas schwerere Becher aus Hartplastik). Setzen Sie sich mit genügend Keksen vor Ihren Welpen. Lassen Sie ihn »Sitz!« machen und stellen Sie die Joghurtbecher umgekehrt vor ihn. Zeigen Sie ihm einen Keks und legen Sie ihn unter einen der Becher. Erlauben Sie Ihrem Welpen dann, den Keks zu suchen. Jippie!

### Objektsuche

Sammeln Sie beim Spaziergang kleine Kiefernzapfen und packen Sie einen davon in die Tasche für die Leckerlis, damit er den Geruch von Käse, Würstchen und Co. annimmt. Legen Sie die Zapfen zu Hause zusammen mit dem einen »präparierten«, nach Keksen duftenden auf den Boden (am besten auf der Terrasse oder im Garten, denn manchmal rieseln Sand oder anderer Dreck heraus). Lassen Sie jetzt Ihren Welpen an den Haufen und fordern Sie ihn auf: »Such!« Hat er den richtigen Zapfen gefunden, sagen Sie »Gib's mir!« und tauschen ihn gegen einen Keks.

Für die gleichmäßige, andauernde Belastung durch Spaziergänge sind Welpengelenke noch zu weich. Aber spielen können Welpen stundenlang, weil sie sich zwischendurch immer wieder hinlegen und ausruhen können.

## SPORT IST MORD FÜR HUNDEKINDER

Genau wie kleine Kinder sollen junge Hunde nicht zu früh mit intensiver sportlicher Betätigung anfangen, weil sie noch im Wachsen sind und bleibende Bindegewebsschäden davontragen können (falls Sie jetzt nachdenklich Ihre Cellulitis betrachten: Ich versichere Ihnen, das kommt nicht vom Schulsport). Ein paar Kilometer auf harten Wegen oder Asphalt zu joggen wirkt auf den ersten Blick wie ein tolles Welpenspiel. Aber das durch den Aufprall verursachte ständige Schlagen auf die noch nicht ausgewachsenen Gelenke ist überhaupt nicht gut. Das Laufpensum auf harten Oberflächen sollte vorsichtig bemessen werden, bis die Wachstumsfugen geschlossen sind (das ist je nach Rasse erst mit etwa acht bis zehn Monaten der Fall). Ein sechs Monate alter Hund entspricht etwa einem drei- bis fünfjährigen Kind. Würden Sie das kilometerweit rennen lassen? Bedenken Sie auch, dass jede Rasse für andere Krankheiten anfällig ist: Labrador und Golden Retriever etwa tendieren zu Hüftgelenksdysplasien, deshalb sollte man ihr orthopädisches Schicksal nicht zu sehr herausfordern. Solange die inneren Organe wie Herz und Lunge nicht völlig ausgewachsen sind, darf ein junger Hund genau so viel rennen, wie er es für richtig hält. Wenn er müde wird, lassen Sie ihn. Ab dem zwölften Monat ist Ihr Hund kein kleines Kind mehr, und dann sind Ihren sportlichen Träumen wenig Grenzen gesetzt, sofern Sie langsam mit dem Aufbau beginnen. Vorher lassen Sie ihn in Ruhe: Sie wollen ja keinen Herzfehler riskieren. Wenn Sie unbedingt mit dem Welpen joggen wollen, beginnen Sie im Alter von über sieben Monaten mit leichten Trainingsintervallen (10–15 Minuten) auf weichem, grasigem Grund und achten Sie auf ausgedehnte Pausen. Je nach Größe des Hundes verändern Sie allmählich Entfernung, Geschwindigkeit und Untergrund (je größer der Hund, desto langsamer sollten Sie dabei vorgehen).

# GROSS, ABER LÄNGST NICHT **ERWACHSEN**

# Hunde in der Pubertät

Der Moment, in dem man sich wirklich überlegt, ob man seinen Hund nicht doch umtauschen könnte (beispielsweise gegen ein Aquarium), ist für gewöhnlich der Augenblick, in dem er in die Pubertät kommt.

Pubertät bedeutet: Man sieht seinem bis dato hinreißenden, wohlerzogenen, freundlichen Hündchen hilflos dabei zu, wie es sich in einen Höllenhund mit Tomaten auf den Ohren verwandelt. Ein vierbeiniger Wirbelsturm, der sich an nichts mehr zu erinnern scheint, was man ihm in den letzten acht, neun, zehn Monaten mühsam beigebracht hat. »Sitz?« grölt er vor Lachen, wenn man ihn darauf anspricht, »Ich soll SITZ machen? Du hast ja irre Ideen! Wie unglaublich lustig ist das denn?«, um dann taumelnd vor Heiterkeit irgendetwas zu tun, was mit dem Sitz-Kommando absolut ü-ber-haupt nichts zu tun hat, wie sich direkt vor einen Radfahrer zu stellen oder in einem schon vor Wochen verstorbenen Döner niederzulassen.

## BAUSTELLE IM HIRN

Bei menschlichen Teenagern ist die Pubertät der normale Ablöseprozess von den Eltern und die Suche nach der eigenen Identität. Aber bei Hunden? Mein Hund Gretel hat sich bereits mit zehn Wochen von ihren Eltern gelöst, als sie bei mir eingezogen ist. Aber möglicherweise habe ich die Situation völlig falsch gedeutet, als ich sie kürzlich mit allen vieren auf dem Küchentisch erwischte, wo sie die Soße eines Brathuhns trank: Wahrscheinlich wollte sie gar nicht stehlen, sondern suchte in der Sauciere nach ihrer Identität.

Tatsache ist: Das Teenager-Hirn eines Hundes wächst während der Pubertät so erheblich wie sonst nur in den ersten zwei Lebensmonaten. Und etwas, was derartig im Umbau begriffen ist, kann gar nicht normal funktionieren. Daher auch dieser völlig leere Blick, wenn man »Komm!« ruft. »Irgendwo habe ich das schon mal gehört«, denkt sich der Hund, der bis zum vorgestrigen Tag noch wie eine Eins gehorcht hat, »hmmmmmm, was könnte das bedeuten …«. Allerdings kommt er gar nicht dazu, seinen sowieso sehr langsamen Gedanken zu Ende zu denken. Denn bevor er im Schaltzentrum angekommen ist, befiehlt seine völlig unausgegorene Motorik dem Hund, jetzt in die andere Richtung zu rennen. Was aussieht wie ferngesteuert, ist auch ferngesteuert.

Dem Hundebesitzer bleibt nur, rechtzeitig das Lassowerfen zu lernen, unglaublich geduldig und konsequent zu bleiben und darauf zu bestehen, dass der Befehl trotzdem in einem angemessenen Zeitrahmen ausgeführt wird.

Manche Leute glauben, Dackel seien quasi dauernd in der Pubertät. Dabei ist auch bei ihnen nur Geduld und Konsequenz notwendig.

Menschliche Teenager nehmen während dieser speziellen Zeit ALLES persönlich, selbst, wenn die Espressomaschine oder ihr Handy-Akku versagt: Alles Teil einer ausgeklügelten Erwachsenen-Verschwörung. Hunde dagegen nehmen NICHTS persönlich, selbst, wenn es durchaus ganz persönlich gemeint ist, dass man sie anschnauzt. »Mann ey«, scheinen sie zu sagen, während sie aus dem Zimmer schlendern, »was du dich anstellst, nur weil ich zwei Riemen von dem dusseligen Schuh da gefressen habe. Ein Hund muss nun mal tun, was ein Hund tun muss.« Denken Sie einfach daran, dass Sie wirklich Glück haben: Bei Kindern dauert die Pubertät Jahre, bei Hunden nur ein paar Monate.

## DIE JUNGHUNDPHASE

Mit spätestens 21 Wochen ist die Welpenzeit vorbei und die »Junghundphase« beginnt. Der Alltag wird jetzt für die meisten Hunde und Menschen zur Herausforderung, denn kleine Problemchen werden zu großen Problemen. Oft sind die Hundebesitzer so überfordert und verunsichert, dass sie ihre Vierbeiner wieder abgeben.

Hunde sollen heutzutage nicht unangenehm auffallen, aber Bravsein und Gelassenheit stehen nun mal nur ganz selten auf der Agenda eines Junghundes. Ehrlich gesagt: Erst ein erwachsener Hund mit vier oder fünf Jahren hat seinen Platz im Leben gefunden, kann in sich ruhen und hält sich zuverlässig an die täglichen Routinen und Rituale. Sein Verhalten ist nicht mehr willkürlich und durch Neugier und Abenteuerlust motiviert, sondern effektiver und überlegter. Auch Stresssituationen im Alltag kann ein erwachsener Hund viel besser verkraften – alles Dinge, die man mit einem Junghund erst noch erreichen muss. Doch wie jede Phase geht auch diese vorüber. Sie müssen nur gut durchhalten und das Beste daraus machen. Schreiben Sie sich diesen Satz am besten an den Kühlschrank, damit er Ihnen in dunklen Stunden wieder einfällt: Keep calm and carry on, wie der Engländer sagt.

Pubertäts-typische Verhaltensweisen sind:

- Andere Hunde über den Haufen rempeln, ohne sie zu begrüßen.
- Menschen anrempeln.
- Der Hund verhält sich angesichts fremder Hunde und/oder Menschen wieder deutlich unterwürfig, so wie es sehr junge Welpen tun würden.
- Er bespielt andere Hunde ohne Rücksicht auf deren Laune (Zwangsspielen).
- Er reagiert nicht auf die Beschwichtigungssignale anderer Hunde, die von ihm in Ruhe gelassen werden möchten.
- Mit Stock im Maul Menschenbeine anrempeln (das erfolgt nicht mangels Übersicht, sondern ist Absicht!).
- Grenzen austesten: Wie reagiert die Umwelt auf mich und mein Verhalten? (»Wer bin ich? Wo gehöre ich hin? Wie wirke ich auf andere?«)
- Wird bei bestimmten Außenreizen oder dem Anblick von Artgenossen sehr schnell sehr aufgeregt.
- Er reagiert auf Spannung häufig mit Beschwichtigungssignalen oder mit starkem Übersprungsverhalten. Wird er beispielsweise korrigiert oder geschimpft, fordert er zum Spiel auf (Vorderkörpertiefstellung) und bellt oder springt den Menschen aufgeregt an, schnappt nach Händen, Ärmeln oder Beinen, ohne dabei echte Aggression zu zeigen. Das Ganze wirkt eher aufgeregt und planlos.

## Heimverhalten und andere Probleme

Viele Verhaltensweisen von Junghunden verschwinden nach kurzer Zeit wieder von alleine. So zum Beispiel das »Heimverhalten«, bei dem der junge Hund mit sechs oder sieben Monaten plötzlich nur noch ungern von zu Hause wegwill, um Gassi zu gehen. Manche Hunde verweigern den Spaziergang anfangs sogar komplett. Kaum hat man ihn mit Müh und Not bis zur nächsten Hundewiese

---

### Typisch für Junghunde

- Konzentrationsmangel
- Phasen starker Unsicherheit (»spooky period«)
- Übertriebenes Jagdverhalten
- Die »dollen 5 Minuten«, besonders nach vorheriger Aufregung
- Probleme beim Alleinebleiben
- Zerstören von Gegenständen
- Innere Unruhe
- Erhöhte Aufregung in Stresssituationen

geschleppt, rast er auf dem Heimweg wie die Feuerwehr wieder nach Hause, wobei er an der Leine zieht, als hinge sein Leben davon ab. Das tut es sozusagen auch: In der Natur ist es ratsam, im Schutz des Lagers zu bleiben, denn der Welpe oder Junghund ist den allermeisten Gefahren noch nicht gewachsen und würde sich in Lebensgefahr bringen.

Lösung: Sobald der Hund älter wird, lässt dieses Phänomen nach. Bis dahin ist Konfliktvermeidung die beste Lösung. Fahren Sie mit dem Auto zur Hundewiese oder zum Ziel

des »Spaziergangs«. Kleine Rassen kann man auch gemütlich dorthin tragen. Üben Sie jetzt nicht die Leinenführigkeit, der Grund dieses Verhaltens verschwindet bald sowieso.

Zahnwechsel und innere Unruhe kommen oft zusammen. Indem der Hund an Dingen herumkaut – und leider auch oft zerkaut –, versucht er, sich und den Zahnschmerz wie mit einem Schnuller oder Beißring zu beruhigen. Mithilfe des Kauens massiert der Hund sein schmerzendes, brennendes und/oder juckendes Zahnfleisch. Gleichzeitig verläuft durch die Mundhöhle das limbische Nervensystem, das alle emotionalen Zustände stark beeinflusst. Unglücklicherweise sind nur die »Kauhilfen« oft Gegenstände, an denen unser Herz hängt, wie die gemütlichen Hausschuhe, Tischbeine, Teppichkanten oder Kinderspielzeug.

Lösung: Sollte Ihr Junghund gerade das Tischbein bearbeiten, dürfen Sie ihm gerne mit einem aufgebauten Unterbrechungssignal erklären, dass er das lassen soll. Anschließend bieten Sie ihm geeignete Kausachen an, zum Beispiel Ochsenziemer, nicht splitternde Wurzelhölzer oder ganz besondere Kauknochen, die Ihr Hund gerne mag. Mit Gel gefüllte Beißringe für Menschenkinder helfen auch (große Rassen zerkauen die allerdings im Nullkommanix), vor allem, wenn man sie vorher in den Kühlschrank legt. Kühl beruhigt das gereizte Zahnfleisch.

Halbstarke Vierbeiner mögen vielleicht schon ausgewachsen sein, sie sind aber noch immer junge Hunde, die viele Flausen im Kopf haben.

Auf und davon! Hunde im Teenageralter leben hin und wieder nach ihren eigenen Regeln. Sie vergessen dann gern mal, was sie schon alles gelernt haben – und bisher eigentlich auch schon ganz gut konnten.

Korrigieren Sie Ihren Jungspund dabei nicht immer und immer wieder, hier ist einfach Management gefragt. Räumen Sie wertvolle Gegenstände, soweit dies möglich ist, vorrübergehend außer Reichweite. Denken Sie daran: Ihr Hund ist und bleibt ein Tier. Er hat ganz andere Ansichten als wir, was Innendekoration betrifft.

### Spielregeln für den sozialen Umgang mit Artgenossen

Nur weil der Hund ein Rudeltier ist, heißt das nicht, dass er weiß, wie man sich anderen Hunden gegenüber angemessen verhält. Genau dafür gibt es die frühen Entwicklungsphasen und die Pubertät. In dieser Zeit lernt er nämlich alle wichtigen Regeln und gesellschaftliche Etikette.

Häufig treten gegenüber Artgenossen folgende Auffälligkeiten auf – meistens als Folge von schlecht geführten Welpengruppen:

- Mobbing im Spiel mit anderen Hunden.
- Jagen und Hetzen von kleinen oder ängstlichen Hunden.
- Aufdringlichkeit gegenüber anderen Hunden, sodass er grundsätzlich Ärger bekommt.
- Keine klare Vorstellung von der Individualdistanz anderer Hunde.
- Vor-Freude-Ausflippen bei Sichtung eines anderen Hundes, er lässt sich dann nur schwer beruhigen.
- War der Hund das Opfer einer Welpenspielgruppe, hat er auch später häufig noch große Angst vor fremden Hunden oder ist ihnen gegenüber stark verunsichert.

Egal ob Welpe, Teenager oder erwachsener Hund: Unter Ihresgleichen lernen die Vierbeiner am besten, wie sie sich in der Gruppe benehmen sollten, um nicht anzuecken.

Mit einem geeigneten Erziehungsprogramm lassen sich solche Verhaltensweisen meistens wieder umlenken und umtrainieren. Das allerbeste Sozialverhalten lernen junge Hunde dabei von ausgeglichenen, gut sozialisierten adulten Hunden. Von solchen Kontakten kann ein Junghund gar nicht genug bekommen. Aber weil bereits angelerntes Verhalten verändert werden soll, dauert es oft Monate, bis sich Erfolge einstellen. Monate, die Hund und Mensch viele Nerven kosten können.

### Wann Sie sich Hilfe suchen müssen

Freude und Frustration liegen in der Welpenerziehung nahe beieinander. An welchem

Punkt also wissen Sie, dass Ihr Hund ein Verhalten zeigt, das Sie nicht mehr alleine in den Griff bekommen? Nach meiner Erfahrung warten viele Welpenbesitzer, bis ihnen ein Verhalten schon aus dem Ruder gelaufen ist, bevor sie sich um professionelle Hilfe bemühen. Etwas Ähnliches hat mir übrigens einmal ein Paartherapeut erzählt. Er sagte, dass die meisten Paare nie rechtzeitig, sondern erst dann zu ihm kämen, wenn die Ehe längst unwiderruflich an die Wand gefahren und ihnen nicht mehr zu helfen sei. Wir alle haben im täglichen Leben viel zu tun und manchmal hofft man eben einfach zu lange, dass ein Problem von alleine wieder weggeht.

Wenn Sie in einer Welpengruppe sind, haben Sie den Trainer ja schon an der Hand, falls ein ernsteres Problem auftaucht. Wenn nicht, können folgende Zeichen darauf hinweisen, dass Sie sich einen professionellen Trainer suchen sollten:

- Ihr Welpe bringt Sie mehr zum Weinen als zum Lachen. Frustration und zu wenig Schlaf sind im Zusammenleben mit einem neuen jungen Hund normal und üblich. Aber wenn Sie mehr als ein paar Tage lang unglücklich sind oder sich mit Ihrem Hund überfordert fühlen, suchen Sie sich einen Trainer, damit Sie sofort Hilfe finden können. Wir sind alle nur Menschen und verdienen eine Pause.

- Sie haben alle Tipps in diesem Buch zu einem bestimmten Problem jeweils über einen Zeitraum von vier Tagen konsequent befolgt und sehen keinerlei Verbesserung. Bei Stubenreinheit, Box-Training und An-der-Leine-Gehen ist dies besonders gravierend. Suchen Sie sich erfahrene Hilfe, bevor die Probleme immer mehr werden.

- Ihr Welpe beängstigt Sie selbst oder ein Familienmitglied wirklich, egal, aus welchem Grund. Keine Entschuldigung.

- Ihr Welpe kläfft Fremde an, er knurrt Sie an oder schnappt, wenn Sie ihn dabei anfassen, auf den Arm nehmen oder festhalten wollen. Bevor sich derlei Verhalten manifestiert, sollten Sie umgehend in eine Hundeschule gehen.

- Ihr Welpe bricht völlig zusammen, wenn Sie ihn kurz alleine lassen. Er folgt Ihnen auf Schritt und Tritt mit sichtbarer Unsicherheit und Sie finden ihn nassgespeichelt und hysterisch in seiner Box , wenn Sie mal eben auf dem Klo waren. Solche panikartigen Zustände dürfen nicht ignoriert werden, sonst manövrieren Sie sich und Ihren Welpen in ein tiefes schwarzes Loch.

- Sie ertappen sich selbst dabei, dass Sie immer wieder anderen Leuten von Ihren Kämpfen mit Ihrem Welpen erzählen, dauernd im Internet nach Lösungen suchen und eine Strategie nach der anderen ausprobieren. Unsicherheit und Überforderung sind keine guten Voraussetzungen, um einen jungen Hund ruhig, gerecht und zuverlässig zu führen. Sparen Sie sich Ihre Nerven und suchen Sie sich lieber eine gute Hundeschule.

In einer Hundeschule werden Sie hochinteressante Dinge lernen, über sich und Ihren Hund. Ihr Horizont wird sich erweitern, und Sie werden noch viel schlauer, als Sie es ohnehin schon sind.

Bitte glauben Sie nur nicht, dass Sie versagt haben, wenn Sie sich an eine Hundeschule oder einen Trainer wenden. Sie können nicht jedes Problem selbst lösen, mit dem Ihr Welpe Sie konfrontiert. Jeder trifft irgendwann im Leben auf einen Hund, an dem er schier verzweifeln will. Auch ich war schon in solchen Situationen, obwohl ich seit mehr als 35 Jahren Hunde habe und eigentlich dachte, ich weiß schon alles.

# Wie viel Erziehung ist genug?

Alle Kinder, alle Teenager jeder Spezies gehen durch Phasen, die für ihr Umfeld mühsam sind. Mit andern Worten: Manchmal möchte man sie an den Ohren an die Wand nageln. Dieses Gefühl ist normal (diesem Wunsch zu folgen allerdings nicht).

Die Wahrscheinlichkeit, dass es Ihnen mit Ihrem kleinen Zauberhündchen genauso gehen wird, ist ziemlich hoch. Wenn Sie die Ratschläge in diesem Buch befolgt haben, haben Sie eine sehr gute Grundlage gelegt, um einen wundervollen Hund zu bekommen.

Und wissen Sie was: Es spielt gar keine Rolle, wie gut erzogen Ihr Hund ist, solange er genau so ist, wie Sie ihn haben wollen. Es ist vollkommen egal, ob er bei Ihnen im Bett schläft und zum Frühstück gebutterten Toast bekommt, solange er sich dabei zivilisiert verhält und solange es das ist, was Sie wollen.

Ich persönlich erziehe meine Hunde nach drei Grundsätzen:

1. Gut genug, damit das Leben mit ihnen möglichst ungestört verlaufen kann,

2. Gut genug, um auch andere Leute nicht zu stören,

3. Und gut genug, um sich und andere nicht in Gefahr zu bringen.

Solange meine Hunde sich innerhalb dieser Grenzen bewegen, bin ich völlig zufrieden. Meine Hunde müssen so gut erzogen sein, dass mein Leben mit ihnen harmonisch verläuft – mit allen Reisen, anderen Tieren, fremden Menschen, Partys und Besuchen, die dazu gehören. Manche meiner Hunde wollten unbedingt Kunststücke oder andere Dinge lernen, die anderen nicht im Traum eingefallen wären. Manche mussten sehr streng und mit viel Donner und Alpha-Gehabe erzogen werden, andere erzogen sich praktisch selbst. Die grundsätzlichen gesellschaftlichen Umgangsformen aber beherrschten sie alle.

Wie streng oder vorsichtig der einzelne Hund erzogen und behandelt werden muss, sollte jeder Hundebesitzer selbst herausfinden. Genauso muss jeder für sich entscheiden, wie perfekt die Erziehung seines Hundes sein soll. Wie in jedem Lebensbereich wird es auch in der Hundeerziehung vor allem dann interessant, wenn man über das »Wichtigste« hinausgeht. Viele Leute finden eine große Bereicherung darin, ihre Hunde hervorragend auszubilden. Es ist wundervoll, begeisterte, aufmerksame Hunde neben ihren atemlosen Besitzern durch einen Agility-Parcours wirbeln oder eine hinreißende Dog-Dance-Choreographie ausführen zu sehen. Auf Hundeplätzen können Sie genau erkennen, welche Hunde und Menschen ein echtes Team sind. Selbst Hundeschlittenfahren hat sich zu einem ernsthaften Sport entwickelt. Es kommt nur darauf an, was Sie wollen – und wozu Ihr Hund sich eignet. Je mehr Sie über Ihren Welpen und seine Rasse herausfinden, desto eher werden Sie feststellen, dass die einzige Grenze eigentlich Sie selbst sind: Wie viel Zeit und Geld möchten Sie investieren, um möglichst viel Spaß mit Ihrem vorläufig noch ziemlich wackeligen vierbeinigen Mitbewohner zu haben? Die genannten Erziehungsanleitungen gehören nur zu den grundlegenden, wichtigsten Dingen, die ein junger Hund lernen muss, um sich zivilisiert in der Menschenwelt bewegen zu können. Es liegt ganz allein an Ihnen, was aus ihm wird.

## LERNEN SIE VON IHREM HUND

Wenn man vorher wüsste, wie viel Arbeit, Zeit, Aufwand, Müdigkeit, Verwirrung, Frustration und Telefongespräche es kostet, bis aus einem Welpen ein erwachsener Hund geworden ist, würde man sich das Ganze gut überlegen. Aber Sie werden es überleben, ich verspreche es. Sie werden nicht alles richtig machen. Das ist nicht schlimm, das macht niemand. Denn das ist das Beste an unseren Hunden: Sie lassen uns Fehler machen und sie vergeben sie uns immer wieder – beim nächsten Mal können wir es endlich besser machen. Welpen sorgen dafür, dass wir uns unseren Herausforderungen stellen und an unseren Aufgaben wachsen. Sie machen uns

wahnsinnig, aber sie helfen uns, unser Tempo zu verringern und dankbar zu sein für die Dinge, die gut laufen. Sie zeigen uns eine völlig neue Welt, zu der wir ohne unsere Hunde keinen Zugang haben.

Niemand zeigt einem besser, was es heißt, im Augenblick zu leben als Hunde. Sie genießen das Leben buchstäblich in vollen Zügen. Hunde haben ein echtes Talent für ein schönes Leben und wir sollten uns ein Beispiel an ihnen nehmen. Hunde sind so liebenswürdig und anpassungsbereit in so unterschiedlichen Situationen: Sie folgen der Philosophie, das Leben zu genießen. Und wahrscheinlich ist genau das der Grund, warum Sie sich entschieden haben, dieses hinreißende kleine wollige Ding in Ihr Leben zu holen. Nichts wird mehr so sein wie vorher. Ein junger Hund bedeutet ein völlig neues Leben. Sie werden Dinge sehen, die Sie noch nie wahrgenommen haben. Sie werden mehr lachen, geduldiger und gerechter werden. Sie werden lernen, dem Wetter zu trotzen und Gummistiefel in Ihre Grundgarderobe zu integrieren. Sie werden an Ihre Grenzen kommen und lernen, auf ganz neue Weise – nämlich wortlos – zu kommunizieren. Ich glaube ja fest daran, dass wir durch unsere Hunde zu besseren Menschen werden. Also los!

# Register

## Dank

Fotografin und Verlag danken
- Margit Coy und ihren Labradoren (www.coys-labrador.de)
- Kirsten Döpp und ihren Parson Jack Russell Terriern (www.tricksters.de)
- Sabine Helbig und ihren Mini-Aussies (www.berrypatch.de)
- Claudia Hott und ihren Kooikerhondjes (www.kooiker-von-der-spessartrose.de)
- Rekka Indorf und ihren Ridgebacks und Beagles (www.von-rekkas-holzhuette.de)
- Angelika und Michael Kokocinski und ihren Deutschen Doggen (www.aus-dinas-traum.de)
- Ulrike und Dieter Kreihe und ihren Dalmatinern (www.Dalmatiner-vom-Gut-Nordholz.de)
- Angelika Kuck und ihren Kurzhaarteckeln (www.kurzhaarteckel-kuck.de)
- Marion Kufferath und ihren Whippets (www.culturepearls.de)
- Jeanette Schramm und ihren Kleinteckeln (www.kleinteckel-vom-himmelmoor.de)
- Bianka Wehrhahn und ihren Papillons (www.derkleinerattenfaenger.de)
- Sinje Weiser und Philip Alsen und ihren Vizslas (www.vizsla-vom-holsteiner-brook.de)
- Gabi and Pier Orrù und ihren Tollern (www.toller.de)
- Gaby Abels, Hamburg  (www.gaby-macht-schule.de)
- dem Team von Dog City (www.dogcity-bremen.de)
- dem Team der Hundeschule Heika Schröter (www.hundeschule-halstenbek-rellingen.de)

... und natürlich allen anderen Hundebesitzern, die bei diesem Buch mitgemacht haben.

# Bücher und Adressen, die weiterhelfen

## BÜCHER

**Birmelin, Immanuel:** Macho oder Mimose. GRÄFE UND UNZER VERLAG

**Bloch, Günther:** Der Wolf im Hundepelz: Hundeerziehung aus unterschiedlichen Perspektiven. Franck-Kosmos Verlag

**Lehner, Dr. Michael/von Reinhardt, Clarissa:** Kastration & Sterilisation beim Hund. Animal Learn Verlag

**McConnel, Patricia:** Das andere Ende der Leine. Piper Taschenbuch

**Schlegl-Kofler, Katharina:** Hundesprache. GRÄFE UND UNZER VERLAG

**Schlegl-Kofler, Katharina:** Rückruf-Training für Hunde. GRÄFE UND UNZER VERLAG

**Schlegl-Kofler, Katharina:** Trickkiste Hundeerziehung. GRÄFE UND UNZER VERLAG

**Sundance, Kyra:** 51 Tricks für junge Hunde: Spiel und Spaß für Welpen und Junghunde. Verlag Eugen Ulmer

**Taetz, Alexandra:** Welpen Spiele-Box. GRÄFE UND UNZER VERLAG

**von der Leyen, Katharina:** Braver Hund! Hunde erziehen mit viel Vergnügen. blv Verlag

**von der Leyen, Katharina:** Charakterhunde. 140 Rassen und ihre Eigenschaften. blv Verlag

**von der Leyen, Katharina:** Der Witz mit Fritz und dem Sitz. Mein Hundeleben. Ullstein Taschenbuch

**von der Leyen, Katharina:** Hundeliebe. teNeues

**von der Leyen, Katharina:** Leinen Los! Freilauftraining für den Hund. GRÄFE UND UNZER VERLAG

**Wolf, Kirsten/Mack, Anja:** Hundeerziehung in der Stadt. GRÄFE UND UNZER VERLAG

## ZEITSCHRIFTEN

**Der Hund.** FORUM Zeitschriften und Spezialmedien GmbH, Merching
**www.derhund.de**

**Dogs.** Gruner + Jahr, Hamburg
**www.dogs-magazin.de**

**Partner Hund.** Ein Herz für Tiere Media GmbH, Ismaning
**www.partner-hund.de**

**Unser Rassehund.** Hrsg. Verband für das Deutsche Hundewesen e. V., Dortmund
**www.unserrassehund.de**

## ADRESSEN

**Verband für das Deutsche Hundewesen e. V. (VDH)**
Westfalendamm 174
44141 Dortmund
**www.vdh.de**

**Österreichischer Kynologenverband (ÖKV)**
Siegfried Marcus-Str. 7
A-2362 Biedermannsdorf
**www.oekv.at**

**Schweizerische Kynologische Gesellschaft (SKG/SCS)**
Brunnmattstr. 24
CH-3007 Bern
**www.skg.ch**

**Berufsverband der Hundeerzieher/innen und Verhaltensberater/innen e. V. (BHV)**
Auf der Lind 3
65529 Waldems-Esch
**www.bhv-net.de**

**Internetseiten der Autorin:**
**www.vonderleyen.com**
**www.lumpi4.de**

# Die werden Sie auch lieben.

RÜCKRUF-TRAINING FÜR HUNDE
So gelingt es Schritt für Schritt

ISBN 978-3-8338-4845-2

INGA BÖHM-REITHMEIER | KATHARINA VON DER LEYEN

LEINEN LOS!
FREILAUFTRAINING FÜR DEN HUND

ISBN 978-3-8338-4734-9

HUNDE ERZIEHUNG IN DER STADT
SOUVERÄN UND ENTSPANNT IN BUS, FUSSGÄNGERZONE UND PARK

ISBN 978-3-8338-5390-6

Hunderassen von A bis Z
Über 200 beliebte Rassen aus aller Welt

ISBN 978-3-8338-4849-0

HEIKE SCHMIDT-RÖGER

Hunde
Das große Praxishandbuch

ISBN 978-3-8338-2874-4

NINA RUGE | GÜNTHER BLOCH

Was fühlt mein Hund?
Was denkt mein Hund?

Hundeexperte antwortet Hundefreundin

ISBN 978-3-8338-2645-0

 Auch als eBook erhältlich.

Mehr von GU auf **www.gu.de** und
**facebook.com/gu.verlag**

Willkommen im Leben.

# Impressum

## Die Autorin

Das erste Wort von Katharina von der Leyen war »Hund« und auch wenn seither noch einige Vokabeln hinzugekommen sind, drehen sie sich zumeist doch um dieses Thema. Katharina von der Leyen arbeitet als Journalistin für verschiedene Zeitungen und Magazine wie die Frankfurter Allgemeine Sonntagszeitung, Architectural Digest oder DOGS. In der Bild am Sonntag erscheint wöchentlich ihre Kolumne über Hunde und die Absurditäten im Leben mit ihnen. Sie ist Autorin zahlreicher Bücher, lebt mit vier Hunden bei Berlin und ist sich sicher, dass man auch ohne Hunde leben kann. Sie weiß nur nicht, wie.

## Bildnachweis

Cover: Debra Bardowicks; www.animal-photography.de
U4: Getty Images/Westend61
Weitere Bilder: Alle Bilder in diesem Buch stammen von Debra Bardowicks, mit Ausnahme von: Oliver Giel: 26, 166, 168; Maike Müller: 22-1, 22-2, 78; Mauritius images/Sheldon: 98; Tierfotoagentur/Noack: 48/49; Tierfotoagentur/Geithner: 76-1, 90, 167; Tierfotoagentur/Hutfluss: 150.
Syndication: www.seasons.agency

© 2016 GRÄFE UND UNZER VERLAG GmbH, München.
Aktualisierte Neuausgabe von Das Welpenbuch, GRÄFE UND UNZER VERLAG GmbH, 2013, ISBN 978-3-8338-3476-9

**Projektleitung:** Maria Hellstern
**Lektorat:** Sylvie Hinderberger
**Bildredaktion:** Daniela Jelinek, Daniela Laußer
**Umschlaggestaltung und Layout:** independent Medien-Design, Horst Moser, München
**Satz:** Christopher Hammond
**Herstellung:** Susanne Mühldorfer
**Repro:** Longo AG, Bozen
**Druck & Bindung:** Firmengruppe appl, Wemding
ISBN 978-3-8338-5724-9
1. Auflage 2016

## Wichtiger Hinweis

Die Informationen und Empfehlungen in diesem Buch beziehen sich auf normal entwickelte, charakterlich einwandfreie Hunde. Bei Hunden aus dem Tierheim können Pfleger und Tierheimleitung oft Auskunft über die Vorgeschichte des Vierbeiners geben. Für jeden Hund ist ausreichend Versicherungsschutz zu empfehlen.

**Liebe Leserin, lieber Leser,**

haben wir Ihre Erwartungen erfüllt? Sind Sie mit diesem Buch zufrieden? Haben Sie weitere Fragen zu diesem Thema? Wir freuen uns auf Ihre Rückmeldung, auf Lob, Kritik und Anregungen, damit wir für Sie immer besser werden können.

**GRÄFE UND UNZER Verlag**
Leserservice
Postfach 86 03 13
81630 München
E-Mail:
leserservice@graefe-und-unzer.de

Telefon: 00800 / 72 37 33 33*
Telefax: 00800 / 50 12 05 44*
Mo–Do: 9.00 – 17.00 Uhr
Fr:      9.00 – 16.00 Uhr
(* gebührenfrei in D, A, CH)

Ihr GRÄFE UND UNZER Verlag
Der erste Ratgeberverlag – seit 1722.

## Umwelthinweis

Dieses Buch ist auf PEFC-zertifiziertem Papier aus nachhaltiger Waldwirtschaft gedruckt.

www.facebook.com/gu.verlag